享受紧张

いい緊張は能力を２倍にする

［日］桦沢紫苑◎著　宫静◎译

容易紧张，困扰着很多人的工作和生活，因为过度紧张会对公开演讲、考试、面试、人际交往等关键场合带来重大影响。实际上，紧张感是我们的朋友，适度的紧张感能帮助我们更好地发挥自己的水平。本书以脑科学为基础，详述了紧张感的生理和心理机制，并由此出发，介绍了 33 个控制紧张感的实用方法。书中还包括详细训练步骤、具体情景对策等内容。本书可帮助读者适度紧张、利用紧张，改变人生。

北京市版权局著作权合同登记　图字：01-2020-5617 号。

图书在版编目（CIP）数据

享受紧张：脑科学让紧张感化敌为友/（日）桦沢紫苑著；宫静译. —北京：机械工业出版社，2021.1（2025.4 重印）

ISBN 978-7-111-67331-6

Ⅰ. ①享…　Ⅱ. ①桦…　②宫…　Ⅲ. ①心理紧张　Ⅳ. ①B845

中国版本图书馆 CIP 数据核字（2021）第 015101 号

机械工业出版社（北京市百万庄大街 22 号　邮政编码 100037）
策划编辑：廖　岩　　　责任编辑：廖　岩　李佳贝
责任校对：李　伟　　　责任印制：郜　敏
三河市宏达印刷有限公司印刷
2025 年 4 月第 1 版第 9 次印刷
145mm×210mm・7 印张・3 插页・141 千字
标准书号：ISBN 978-7-111-67331-6
定价：59.00 元

电话服务　　　　　　　　网络服务
客服电话：010-88361066　　机　工　官　网：www.cmpbook.com
　　　　　010-88379833　　机　工　官　博：weibo.com/cmp1952
　　　　　010-68326294　　金　　书　　网：www.golden-book.com
封底无防伪标均为盗版　　机工教育服务网：www.cmpedu.com

译者序

这是由一位精神科医生创作的关于紧张感的书，乍一看来，很不可思议。但看到这个熟悉的作者的名字——桦沢紫苑医生，译者顿时提起了兴致，试读完作品后，欣然决定接下此书的翻译工作。请不要被“紧张感”吓倒，因为阅读这本书后，事实上可以让人由内而外地感受到身心的放松。翻开这本书，您将开启一段难忘的精神遨游之旅。

紧张感，是你我都时常需要面对的情感。“当时太紧张了，所以……”，这句话真的是耳熟能详。由于紧张而不能发挥自己的最佳水准所留下的遗憾，你是否也有呢？《享受紧张》这本书或许可以让你以后不会再有类似的遗憾！桦沢紫苑医生写作此书的目的，一是帮助大家实现对紧张感的控制，二是使大家与紧张为友，让紧张感助大家发挥最佳水准。他用轻快的语言，以一种读者易于接受的方式，将实现控制紧张感的晦涩复杂的脑科学和心理学的理论支撑，以丰富趣味的文字呈现出来，恰如一本有趣的漫画。本书教我们用 33 个秘密武器，打败紧张这个怪兽，并化干戈为玉帛，将紧张变成自己的伙伴，一起去追逐梦想。如果你掌握了这 33 个秘诀，就一定可以控制紧张感，成长到更高的层次。

都说翻译是一项辛苦的工作，但这句话不适用于此书的翻译。译者一边翻译一边践行书中提到的 33 种方法，成功驱散了紧张感，将翻译变成了美差，身心愉悦。这一定是因为书中方法的“神奇”效力。本书中没有空洞的口号，没有生硬的大道理，治标更治本。译者尽最大努力忠实于原文，并尽可能地避免专业内容的歧义，但由于才疏学浅难免存在翻译不当之处，敬请批评指正，以便再版时予以及时更正。

本书能得以顺利出版，非常感谢机械工业出版社心理学专业编辑廖岩老师专业细致的支持和把关；同时也感谢译作的第一位读者——我的先生在翻译过程中给予的鼓励与支持。

衷心希望每一位读者都能通过控制紧张感，在工作和生活中找到身心平衡的最佳状态，收获幸福，乐享人生！

宫　静

2020 年 8 月　于北京

前　言

82%的人容易紧张

“在公开场合发表演讲时，大脑一片空白，语无伦次。”

“考试过程中很紧张，没有发挥出真正的实力。”

“和别人单独相处时，会紧张得不知道该说些什么。”

“我就是太容易紧张了，想要做些什么寻求改变。”

“如果我可以控制自己的紧张感，那么人生也将发生改变吧。”

亲爱的读者，你是否也有过类似的想法呢？

容易紧张的人，真的非常多。

有一份关于紧张的问卷调查，面向全日本 1579 名 20 岁以上的男性和女性（见表 1）。对于“你是容易紧张的类型吗？”这一问题，有 41.2%的人回答“特别容易紧张”，另有 41.6%的人回答“相对来说容易紧张”，也就是说有 82.8%的人都给出了“容易紧张”的答案。

我们也可以说，**世界上大部分人都是“容易紧张”的**。

对于“在什么场合容易紧张呢？”这一问题，被调查者主要给出了如下回答：“在公众场合讲话、演讲时”“遇见初次见面的人时”“进入新的职场或者开始新的工作时（人事调动等）”“进行企划发表或者报告时”“举办发表会或者演奏会时”等。

表 1 关于紧张的调查问卷

你是容易紧张的类型吗？		
1	特别容易紧张	41.2%
2	相对来说容易紧张	41.6%
3	不太容易紧张	15.4%
4	几乎没有紧张过	1.8%
在什么场合容易紧张呢？		
1	在公众场合讲话、演讲时	82.2%
2	遇见初次见面的人时	36.5%
3	进入新的职场或者开始新的工作时（人事调动等）	35.6%
4	进行企划发表或者报告时	27.8%
5	举办发表会或者演奏会时	26.7%
6	考取资格证书、入职考试和面试时	26.4%
7	迫不得已做不擅长的事时（卡拉 OK、做菜、开车等）	20.0%
8	迫不得已做没有过相关经验的事时（工作、独居等）	17.7%
9	通电话时	16.4%
10	与上级（公司上级、社长、年长者等）交谈时	13.3%

引用自朝日集团控股株式会社 HAPIKEN 的调查，调查对象为全日本 1579 名 20 岁以上的男性和女性。

列举出来的这些答案有一个共通点，即“在他人的注视下，接受别人评价的场合”。也就是说，越是在能够左右人生的重大场合，人们越会产生巨大的压力，进而容易产生紧张情绪。

其导致的结果即是“容易紧张的人”经常在重要场合因为紧张而失败。相信这种人一定会有很多次因为不能发挥出真正的实力而无比懊悔吧。

我断言，“容易紧张的人”一定产生过这样的想法：“如果我可以控制自己的紧张感，那么人生也将发生改变。”

如果“特别容易紧张的人”可以转变成为“可以控制紧张情绪的人”，人生的确会发生变化。因为这类人即使面对压力，也完全可以发挥自己原有的实力。

向烦恼于“容易紧张”的人传达控制紧张感的方法，也正是我写作本书的目的。

与紧张为友，发挥出最高水准

如果可以控制紧张感，那真的太棒了！

不过，本书的最终目标并非让人们实现消极的“不紧张”，而是与紧张为友，利用紧张“发挥出最高水准”。

你可能会想这根本不可能，实际上这绝非不可能。

大家一定都看过奥运会的转播。在奥运会的决赛中，新的世界纪录不断涌现。这是为什么呢？其实正是奥林匹克这个充满“紧张”的舞台，成为选手发挥最佳水准的最好助力，促使新的世界纪录不断产生。

大部分人都持有这样的想法：“如果紧张了怎么办呢”“哎，又开始紧张了，太讨厌了”。他们视紧张为“敌人”，这种想法是完全错误的。

紧张，是我们的“同伴”。紧张不是阻碍发挥出自己水准的“逆风”，而是助力的“顺风”。我们在感到紧张时体内会分泌一种叫作去甲肾上腺素的物质，这种物质可以瞬间提升大脑和身体的表现到极限，如果我们善于利用这一点，“与紧张为友，发挥出最高水准”则会变成可能。亦可以说，这是谁都可能做到的。

“容易紧张”绝非一个人的缺点或短处，它反而可能成为一种机会，当然其前提是你必须要能够实现对紧张的“控制”。**如果你能够做到这一点，就可以在属于你的决胜时刻，超常发挥，成为超人！**

本书将充分结合脑科学，以此为依据，传达给读者“与紧张为友，发挥出最高水准”的方法。

不是对症疗法，而是根治紧张的疗法

目前市面上出版了很多与“紧张”“恐惧症”等相关的书。这些已出版的书与本书有着本质上的区别，因为绝大部分已出版的刊物中只是给出了紧张时的各种对策，但是并没有给出根本的解决方法。

当然，本书中也会介绍应对紧张情绪的对策，在此之上，还会针对“为何会产生紧张情绪”“紧张的真相”“产生紧张情绪的原因”，进行彻底的脑科学的解说，以及介绍消除“产生紧张情绪的原因”的方法。也就是讲解“解决紧张的根本方法”。

本书的特色在于提供“根本疗法”，而不是“对症疗法”。

容易紧张的我，能够在 1 万人面前讲话的理由

虽然有点迟了，请允许我做一下自我介绍。

我叫桦沢紫苑，是一名精神科医生兼作家。至此已执笔 27 本书，每月会举办三次以上的演讲、研讨会，已累计数百场。最近举办的大多为数百人规模的演讲、研讨会。笔者还曾经作为客座讲师，在超万人参加的研讨会上做演讲。虽然现在的我可以在如此人数的公众面前，毫不紧张、自信满满地讲话，但我并非从一开始就擅长和紧张相处。

高中时期的我朋友很少，可以说是超级不擅长交际。当时我很喜欢电影，在别人眼中，我应该就是一个狂热的“电影宅”。成为医学专业学生后我也是一样。选择“精神科”作为专业，有一个考虑就是“想要做些什么来改变自己不擅长交际的性格”。

我希望能够“性格稍微变得更好一些”“在公众场合可以自信满满地说话”，所以学习了精神医学、心理学、脑科学。正因为很不擅长演讲，反而会特意每年参加三次学会的发表会，积累经验。就这样，不断实践着“讲话方式”的技巧，随着参加场次的增加，成长为现在的“演讲家”，甚至会被邀请在万人规模的研讨会上做演讲。

也就是说，**“容易紧张”是可以克服的**。

即使是超级不擅长交际的人，也能够在 1 万人面前堂堂正正地讲话！我所实践的便是有脑科学、心理学做支撑，具有再现性和实践性的“紧张控制法”。写作本书的目的即向读者传达这一方法。

可以应对所有“紧张的场合”

接下来，我们更加详细分析一下表 1 关于紧张的问卷调查。“在什么场合会容易紧张呢？”这一提问后列举出了 10 个选项，在此我们将其整理成以下 7 个类型。

1 演讲

2 考试、测验、面试

3 发表会、演奏会

4 与人打交道的场合、1 对 1 的场合、初次见面的场合

5 从事新工作、没有经验的工作时

6 迫不得已做不擅长的事情时

7 体育运动或比赛

虽然问卷调查中没有提到第 7 点的“体育运动或比赛”，但多数人在参加体育比赛时会紧张，所以在此进行了追加。

人们在日常生活中会紧张的场合，大部分都包含在这 7 个类型之中。

我们甚至可以说，只要克服上述 7 个类型的紧张，就可以应对所有会紧张的场合。本书将以最容易紧张的情况即“在公众场合讲话、演讲时”（82.2%）为中心，以“考试”“体育竞赛”“发表会”等为例，解释说明控制紧张感的具体方法。对于“面试”“与人打交道的场合”等特殊情况，将于第 6 章中进行针对性的详细论述。

本书介绍的“紧张控制法”可以应对所有容易引起紧张的情况，敬请放心阅读。

容易紧张的人会成功！

写作本书的目的，只有两点。

第一点，“实现对于紧张感的控制”。

第二点，不仅实现控制紧张情绪，更要“与紧张为友，发挥出最高水准”。

我提出的所有方法均有脑科学和心理学等科学依据，遵照进行实践一定会取得成效。本书总结出的方法均具有再现性。

只要认真实践本书的内容，无论是谁都会实现控制紧张感，发挥出不可估量的高水准。

紧张绝非缺点，也非短处。“容易紧张”是长处，更是潜能。“紧张”是实现你的“成功”和“灿烂的人生”所不可或缺的“能量”。

容易紧张的人，是“容易成功的人”。如果能够认识到这一点，你也一定可以控制紧张感，成长到更高的层次。

目　录

第 1 章

首先，不回避“紧张”揭开其真面目

紧张是敌还是友

本书将告诉大家控制紧张的方法，在此之前，还请大家先理解到底“何为紧张”。孙子有云：“知己知彼，百战不殆。”对“敌人”进行分析，获取尽可能多的信息，至关重要。

只要我们看清紧张的真面目，面对紧张的对策、应对办法及控制方法自然会呈现在眼前。

尽管这里我们使用了“分析敌人”这一说法，可是紧张真的是敌人吗？还是伙伴呢？

对于紧张，大部分人都持有这样的印象：“令人不可捉摸”“恐惧”“负面事物”等。

“哎呀，开始紧张了，怎么办，怎么办啊。”

“开始紧张了，真困扰，太讨厌了。真想从这里逃离。”

“紧张太讨厌了！必须尽快恢复平常心。”

“真羡慕不紧张的人，为什么我自己会这么容易紧张呢？”

容易紧张的人，在紧张感增强时都会想：“哎呀，开始紧张了。不好了，不好了！”应该没有人会想：“开始紧张了。太好了！真开心！”

苦于紧张的人，将紧张视为“恶”“敌人”，或者“想要逃避的状况”。认为“还是不要紧张的好”。同时认为“容易紧张”是很大的缺点、短处，有自卑感，苛责自己并给自己过低的评价。

“紧张”的英文为“tension”

在日常生活中，你是否也遇到过如下的情景呢？

“不知为什么，今天的情绪不太高涨。”

“状态不好，再打起精神努力一下吧。”

大部分人都会想要打起精神（tension）。“情绪高涨”受到大部分人的欢迎。

然而，大家知道“tension”在日语中的意思吗？

“tension”在日语中被翻译为“紧张”。

我们在状态不太好的时候，会想要“打起精神”（tension）。也就是说在“紧张感太低的状态”下，工作效率也很低，这是应该回避的状态。可见，紧张不完全是“敌人”，是“在一定程度上必需的”。

超一流水准的运动员们如何看待紧张呢

活跃在世界舞台的、超一流水准的运动员们，如何看待紧张呢？

以代表日本的网球选手锦织圭为例，他曾在世界排行榜位列第四位。接下来我们引用他的一段采访内容。

“尽管每次参加比赛都会紧张，但我绝不认为这是坏事。因为紧张如果转化为力量，会让我变得更强大的！”

还有活跃在英超联赛的冈崎慎司。他在 2016 年的俱乐部夺冠中做出了巨大贡献，成为第一位在英超联赛中荣获桂冠的日本选手。

笔者曾在 2017 年前往英国，对冈崎慎司进行了面对面的采访。面对我的提问：“你现在参加比赛还会紧张吗？”他回答：“参加所有的比赛我都会紧张。不仅是重要的比赛，即使是日常的比试中，我都会紧张。相反的，我觉得如果不紧张的话会很糟糕吧。”

在美国职业棒球大联盟实现了破纪录创举的铃木一郎选手也说：“不紧张是不行的。”

总结一下活跃在世界舞台的、超一流水准的运动员们对于紧张的看法：

- 每次都会紧张
- 紧张是理所当然的
- 紧张是必需的

也就是说，**他们认为“紧张是积极向上的”“紧张，不是敌人，而是同伴”**。

不擅长和紧张相处的人认为“紧张是敌人”，而世界级的运动员们认为“紧张是同伴”。那么紧张到底是敌还是友呢？实际上对于这一问题，100 年前已经有了定论。

发挥最高水准，紧张不可或缺

我们先说结论，即“紧张是友”。

1908 年，耶克斯和多德森博士通过心理学实验证明：与毫不紧张相比，适度紧张可以实现更好的发挥。此倒 U 形假说被视为生理心理学的基本法则，耶克斯博士后来曾担任美国心理学会的会长，这个法则也作为公信度极高的基本法则，在专业人士间广泛流传。

实验首先训练老鼠区分黑色和白色记号。在老鼠选错时，使用电流刺激的方式来促使其学习。结果显示，随着电流刺激程度的增强，回答的正确率也会上升。在超过最适合强度后，回答的正确率反而下降。

也就是说，电流刺激强度适当时，老鼠会以最快的速度学会区分；相反，如果电流刺激强度过弱，或者过强，学习能力则会下降。

惩罚或者压力、紧张等让人不快的事物如果程度适当，可以促使人们达到更高水准。压力过高或者过低，都会影响发挥。这就是倒 U 形假说。图 1 简单展示了此法则的模式。

图 2 为耶克斯和多德森的早期实验结果（原始数据）。人们在完成相对较难的课题期间，与电流刺激程度较弱的情况相比，刺激程度为中等时，学习速度会升至 2 倍。与电流刺激过强的情况相比，刺激程度中等时，学习速度会升至 1.6 倍。如此，我们完全可以说“适度的紧张，可以让能力翻倍”。

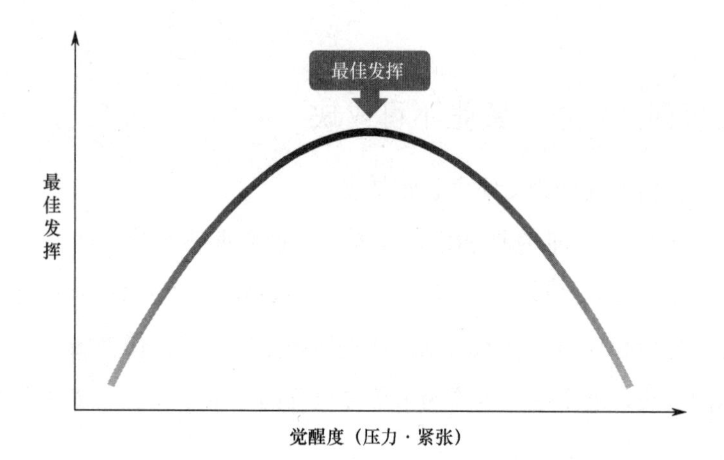

图 1 倒 U 形假说（也叫耶克斯-多德森法则）

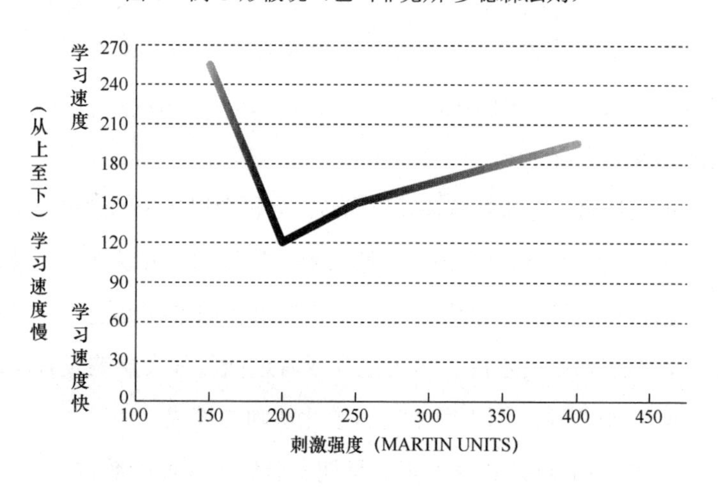

图 2 耶克斯和多德森的实验结果（原始数据）

大部分人都认为“没有压力，不紧张才最好”，然而生理心理学的基本法则却告诉我们：“适当有压力，适度紧张最好。”

要发挥最高水准，紧张必不可少。毫无疑问，紧张是我们的

“同伴”。

有一点需要特别注意。在以老鼠为对象的实验中，电流刺激过强时，老鼠发挥的水准会下降。同样的，人在紧张情绪过于强烈、紧张过度的状态下，发挥水准也会有所下降。也就是说，**“过度紧张”的状态是“敌人”，而“适度紧张”则会成为我们的最佳同伴。**

在耶克斯和多德森博士进行此实验之后，科学家们进行过很多类似的实验。将横轴设定为“觉醒水平（刺激水平）”“积极性水平”“去甲肾上腺素浓度”“肾上腺素水平”，会发现与发挥水准之间均符合“倒 U 形”关系。综上所述，我们可以得到“紧张的倒 U 形理论”。

“紧张的倒 U 形理论”在体育心理学领域十分有名，图 3 也多次出现在体育心理学的教科书之中。

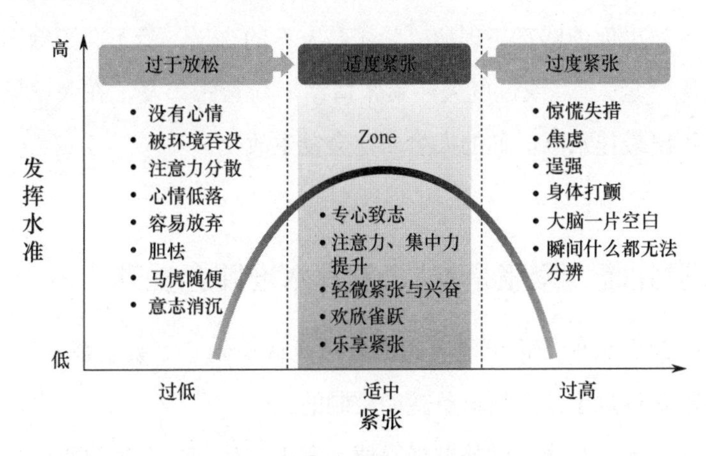

图 3　紧张的倒 U 形理论

图片来自于《运动心理训练教本》（大修馆书店），并加以修正。

面向我担任讲师的“紧张研讨会”的100名参加者进行的问卷调查表明，之前有听说过“紧张的倒U形理论”的仅占参加者的5%。

也就是说，“紧张的倒U形理论”是活跃在世界舞台的运动员们一定会知晓的，是“控制紧张的常识”性质的理论。但是商务人士却几乎不知晓这一理论的存在。实际上，笔者也几乎没有见过商业领域的书中介绍“紧张的倒U形理论”。

紧张是好事。适度紧张时会发挥出最佳水准。不仅是运动员，所有的商务人士、考生如果知晓这一心理法则，都是有百益而无一害的。

世上有太多苦恼于“不擅长和紧张相处”“自己太容易紧张”的人了。我希望这些人都能意识到“紧张是友”，而这，也正是我出版此书的最大理由。

如果你能够真正理解“紧张是友”的含义，就不会无缘无故讨厌“紧张”，或过度关注紧张情绪。与紧张为友，在关键场合发挥出最佳水准，你的人生一定会发生改变。

一旦知晓“紧张是友”，发挥水准即会提升

读到这里，你可能会想，虽然我认识到了“紧张是友”，但是紧张肯定不是简简单单就能控制的。

对此，哈佛大学的贾米松博士发表过他十分有趣的研究。

将60名学生分成两组，进行数学测试。向其中一组学生说

明“紧张有利于提高发挥水准”，而对另外一组学生则没有进行任何说明。说明的具体内容如下：

“人们普遍认为不安的情绪会影响发挥，然而最近的研究表明紧张不仅不会影响发挥，反而会提高发挥水准。如果在考试过程中你感到了不安，请告诉自己这种紧张情绪有助于你的发挥。”

结果没有接受说明一组的平均分为705分，而接受了说明一组的平均分为770分。接受了“紧张有利于发挥”这一说明的一组，因为持有这种意识，而获得了高出对方65分的高分。

仅仅知晓“紧张有利于发挥”，就能够得到高分。这也表明，仅仅通过认识到“紧张有利于提高发挥”，就能够实现对紧张的控制。

不必勉强自己放松：紧张的倒U形理论

我们再稍微详细说明一下“紧张的倒U形理论”，因为这一理论对控制紧张情绪是极其重要的。

首先来看倒U字形的中心部分。在这种状态下，人的注意力、集中力提升，可以实现专心致志的发挥。伴随轻微紧张和兴奋，并感到些许的欢欣雀跃。大脑清醒，可以看清整体局势。这种是紧张程度最佳的状态，被称为“zone”，指的是紧张程度处于合适的状态，也就是“适度紧张”。

比“适度紧张”的紧张感更强烈，也就是处于“过度紧张”

的状态（图 3 右侧所示的状态）时，人们会感到惊慌失措、焦虑、逞强、身体直打战，大脑一片空白。突然之间进入什么都无法分辨的状态。这种状态也被称为“over heat”，指的是紧张感过度强烈。

比“适度紧张”的紧张感更弱（图 3 左侧所示的状态）时，会出现没有心情、被环境吞没、注意力分散、心情低落、容易放弃、胆怯、马虎随便、意志消沉等症状。这就是紧张感过低，“过于放松”的状态。

也有很多人认为“在心情放松的情况下，表现会更好”，然而实际上，**无论是在工作还是学习，或在体育运动中，“过于放松”的状态也就是没有激情的状态，不利于提高发挥的水准。**

没有必要过于放松，也没有必要使内心平静至被称为“平常心”的状态。过度冷静的状态反而不利于自我发挥。

有人认为，“我一到关键正式的场合，就没有办法放松”，这种想法是完全错误的。我们既没必要完全放松，也没必要实现完全的“平常心”。要成功，需要的是“适度紧张”。

“适度紧张”指的是“紧张”与“放松”以刚刚好的比例混合在一起的状态。因为紧张，大脑处于兴奋状态，注意力、集中力、判断力都达到顶峰。在此之上，我们要保持冷静，完全控制自己的想法、行动、精细动作等。

当“适度紧张”的状态达到极致时，就会产生“好像运动中的球都停止了”以及“瞬间像镜头停止一样缓慢”现象。在运动员的世界里，这种状态被称为“zone”。

如果不是处在“适度紧张”的状态，绝对不可能发挥出这样顶级的水准。

“适度紧张”是发挥最佳水准所不可欠缺的。

所以说，“希望不紧张”“不能放松”这样的想法都是错误的。我们的目标应该是保持“适度紧张”“程度刚刚好的紧张”状态。在“适度紧张”的状态下，我们可以成功进行演讲；可以在考试中发挥自己的最高水平；可以在体育运动中创造自己的最高纪录；可以呈现最佳的乐器演奏效果。

所以，适度紧张，是我们的“最佳同伴”。

调整“紧张的计速器”

人在“适度紧张”的状态下，可以发挥出最佳水准。知道这一事实，我们的内心会变得非常乐观。

所谓“适度”，到底是什么样的程度呢？另外，如果不是“适度”的话，如何才能进入“适度”的状态呢？为此我们可以使用紧张的计速器。

请在大脑中想象图4的计速器。

“适度紧张”的状态为每小时 50 千米，最紧张的状态为每小时 100 千米，最放松的状态为每小时 0 千米。请将自己在考试前、演讲前等正式场合时的紧张状态用 0～100 之间的数字表示出来。

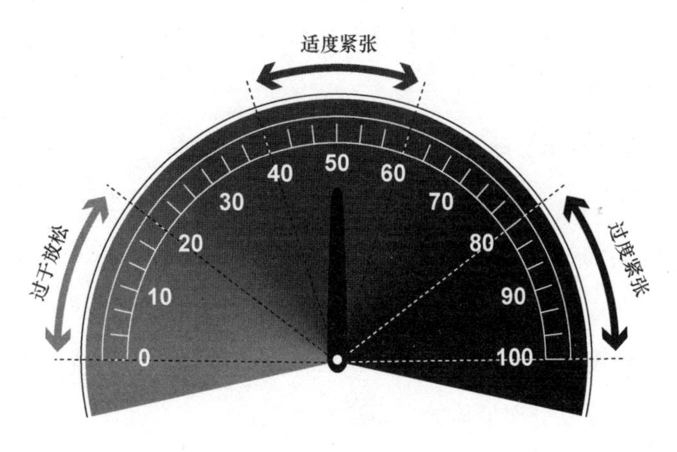

图 4 紧张的计速器

90～100 的状态，即为“过度紧张”，也就是超速的危险状态。此时需要踩刹车减速。

0～20 的状态，即为“过于放松”。需要踩油门，稍稍提高兴奋程度。

将这种很难计数的“情绪”进行“数值化”，可以更加客观地看清自己内在的一面。即使觉得“非常紧张”，用数值表示的话，可能只是 70 左右，我们也明白“这时稍微踩一下刹车就可以了”。

“过度紧张”会引起的症状如下。

1 身体僵硬

2 手脚颤抖

3 出冷汗

4 表情僵硬

5　无法控制自己

6　大脑一片空白

7　心跳剧烈

也就是说，如果没有出现上述症状，你的紧张水平就没有强烈到“90～100”的程度。

很多时候，自己觉得“极其紧张”，但将其数值化后发现这一紧张感大概是70的程度，或者是处于“适度紧张”的范围内。

要正确进行紧张的“数值化”，我们需要在平时多多进行数值化的练习。通过日常练习，提高自己的洞察力，在正式场合才能够实现正确的“数值化”。

当我们处于“过度紧张”时，应踩刹车。处于“过度放松”时，应踩油门。话虽如此，可对于紧张来说，到底何为“刹车”，何为“油门”呢？

接下来我们将就此进行详细解说。

紧张的原因只有3个

在执笔本书前，我对紧张进行了彻底的分析。几乎阅尽过去关于紧张的书籍，并且面向我主办的学习会“桦沢塾”（会员人数800人）、“紧张力研讨会”（参加者100人）的成员进行了关于紧张的问卷调查，并对实际上容易紧张的成员，就何种情况下容易紧张这一课题，进行了面对面的采访。

当人的紧张情绪达到顶峰，进入“过度紧张”的状态时，不仅会产生“心理的变化”，还会引起前文中说明的 7 种“身体的变化”。为什么会发生这样的现象呢？对其原因进行科学分析，我们会发现大概有以下 3 个原因。

“身体僵硬”“手脚颤抖”“出冷汗”，均是交感神经兴奋，占主导的状态。“表情僵硬”“无法控制自己”，是大脑内叫作血清素的物质含量下降的状态。“大脑一片空白”“心跳剧烈”，是因为脑内的去甲肾上腺素过高。

“过度紧张”的状态，一般是处于“交感神经占主导”“血清素含量低”“去甲肾上腺素含量高”这 3 者中的某种状态。或者是 3 种要素同时发生后引起的状态。

各位读者可能会认为紧张是不可捉摸的、不明其真面目故很恐怖的。

然而进行科学分析后我们会发现**紧张的原因无非是这 3 种：“交感神经占主导”“血清素含量低”“去甲肾上腺素含量高”**。针对这 3 种原因，我们只要稳妥采取相应的对策，完全可以控制紧张感。

在“交感神经占主导”时，只要切换为抑制交感神经的“副交感神经占主导”即可。如果是“血清素含量低”，提高血清素含量即可。“去甲肾上腺素含量高”的话，降低其含量即可。紧张的原因只有 3 个，并且控制紧张的方法，也只有上述 3 种。

通过进一步整理前文的内容，我们可以知道副交感神经和交感神经之间，正是“刹车”与“油门”的关系。血清素与去甲肾上腺素之间，同样也是“刹车”与“油门”的关系。也就是说，对于轴线“副交感神经—交感神经”，与轴线“血清素—去甲肾上腺素”，只要通过踩“刹车”或者“油门”，完全可以实现对紧张的控制（见图5）。

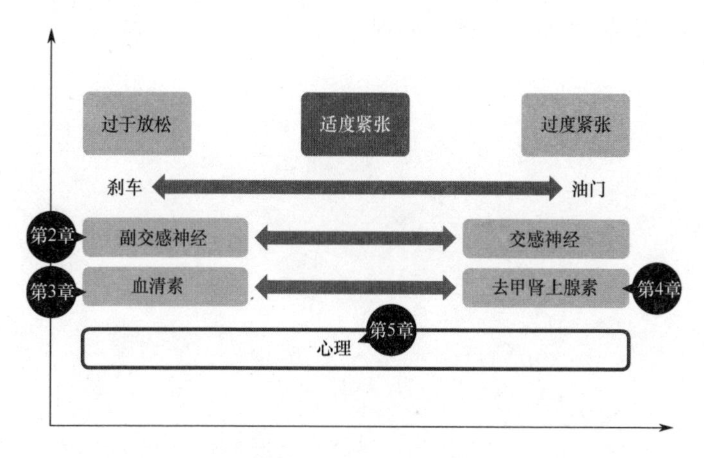

图5　控制紧张的总体情况

人们对于来历不明的事物，会抱有恐怖、不安的心理。然而一旦揭开其真面目，这种情绪也会随之消失，会想：“原来就是这么一回事”。

紧张，说到底不过是“神经与大脑内物质的变化”，绝非来历不明的情绪毫无缘由的涌现。

现在，你已经了解了紧张的真面目，对于紧张的恐惧感是否也多多少少有所降低了呢？

言归正传，既然大家已经了解了紧张的真面目，我们将从下一章开始分别针对引起紧张的3个原因提出对策。具体解说读者最想知道的“紧张的控制法”。

笔者将按照以下的顺序进行说明：第 2 章中介绍“副交感神经”，第 3 章中说明“血清素”，第 4 章中讲解“去甲肾上腺素”。另外将在第 5 章中解释说明被称为控制脑内物质和自律神经的“基盘”“基础”的“心理”。

第 2 章

与紧张为友的第 1 战略
让副交感神经占主导

副交感神经缓和紧张感

引起紧张的原因有 3 个。第 1 个原因便是“交感神经占主导”。相对应的，抑制交感神经，转换为放松的神经，即副交感神经，就是与紧张为友的第 1 战略。

交感神经也叫作“白天的神经”，是在白天活跃的神经。副交感神经也叫作“夜晚的神经”，是晚上放松时，或者睡觉时占主导的神经。

交感神经与副交感神经并称“自律神经”。自律神经承担着控制身体各个脏器的作用，其中副交感神经发挥“刹车”的作用，交感神经发挥“油门”的作用。

在交感神经占主导时，人的心跳数、血压、呼吸次数、体温均会上升，肌肉紧张。与此相反，在副交感神经占主导时，人的心跳数、血压、呼吸次数、体温均会下降，出现肌肉松弛的现象（见表 2）。

表 2　交感神经与副交感神经的区别

自律神经	交感神经	副交感神经
昼与夜	白天的神经	夜晚的神经
活动与休息	活动模式	休息模式
精神活动	紧张	放松
心跳数	⬆	⬇

（续）

自律神经	交感神经	副交感神经
血压	↑	↓
呼吸次数	↑	↓
呼吸质量	浅呼吸、吸气	深呼吸、呼气
体温	↑	↓
肌肉紧张	紧张	松弛
消化道运动	↓	↑
血糖	↑	↓
瞳孔	放大	缩小
汗	↑	—
唾液	↓	↑

交感神经占主导时，人的紧张感增强的同时，全身的活动性也在增强。副交感神经占主导时，人们会处于“放松”的状态，全身进入“休息”模式。

有的情况下，交感神经与副交感神经昼夜交替出现；也有时，尽管都是白天，人在剧烈活动时交感神经会占主导，休息或者放松时副交感神经占主导。

例如，人们在“快要赶不上公交车”时，全力奔跑去追赶公交车。会心跳剧烈，气喘吁吁，身体也变热，这就是交感神经占主导的状态。

自律神经与身体密切联动。管控心脏、肺、肌肉、体温等是自律神经的职责。

自律神经同时也具有接收来自各个脏器反馈的功能。例如，接收“交感神经主导→心跳数增加”的指令，也有相反的“心跳数下降→副交感神经主导”这样的指令。如果心脏跳动变缓，却不断传输交感神经的指令（让心脏跳动起来!），就会陷入矛盾的状态。总而言之，**通过调节各个脏器的运转，调动自律神经，自主操控交感神经和副交感神经将成为可能。**

自律神经能够给予巨大影响的 5 要素分别为：血压、心跳次数、体温、呼吸次数、肌肉紧张程度。其中，可以由自我意识控制的是哪一项呢？

没有人可以实现坐在椅子上时，将心跳次数提高至每分钟 160 次，或者让体温升高 1 摄氏度。但是，呼吸次数是可以实现由自己控制的。只要有意识地告诉自己慢慢地呼吸，呼吸就真的可以变缓。

另外，通过拉伸运动、穴位按摩等外在的作用，肌肉的紧张程度也可以慢慢地化解。

通过慢呼吸和缓解肌肉紧张这两个方法，可以实现副交感神经占主导，缓和紧张感。

在接下来的内容中，我将详细向大家介绍交感神经转换为副交感神经的方法。

副交感神经切换术 1　深呼吸

深呼吸，缓和紧张的终极大法

从交感神经转换为副交感神经主导的最简单的方法即为深呼吸。心跳次数和体温无法由自我意识所控制，唯有呼吸次数是可以简单地通过自我意识实现控制的。当副交感神经占主导时，呼吸会变缓；反过来也成立，即通过放慢呼吸，可实现副交感神经占主导。

仅仅通过 1 分钟的深呼吸，就可以实现从“过度紧张”到“适度紧张”的转换，这也是最简单、最有效、最强大的紧张控制方法。

增强紧张感的恶魔呼吸法

深呼吸的重要性，在我过去的著作中屡屡登场，我还在自己的社交媒体账号中，多次发布关于“深呼吸可以放松紧张感”的内容。

然而我在评论栏看见了诸多对深呼吸的效果持否定态度的评论，比如，“即使深呼吸也完全不起作用！”“光凭深呼吸，完全不能控制紧张感！”等。

对此我开始产生了怀疑：“只要是正确到位的深呼吸，哪怕只做 1 分钟，就一定会从交感神经转换为副交感神经主导，为什么有的人进行深呼吸却无法缓解过度紧张呢？”

然而恰巧有一天，我在一个考试现场看到一个人正在做深呼吸。他看起来很紧张的样子，为了缓解紧张正在很努力地深呼吸。吸气—呼气，吸气—呼气……吸气 3 秒钟，呼气 3 秒钟，这是频率特别快的呼吸。

见此情景，我瞬间意识到：“啊，这是错误的深呼吸模式！”

也许他本人觉得自己是在做深呼吸，然而，那根本不是深呼吸。甚至可以说是在过速呼吸！这样的操作会使得交感神经占主导。他所做的正是会增强紧张感的“恶魔呼吸法”。

这一瞬间，我明白了“为何有的人进行深呼吸却不能控制紧张感”的原因。

是深呼吸的方法彻头彻尾地错了。**呼吸过浅、呼吸次数过多，错误的深呼吸……完全不具有缓解紧张的效果。甚至会促使交感神经占主导，增强紧张感。**

如果做深呼吸，请务必用正确的方法。有过瑜伽、冥想体验，或者学过发声法，接受过声音训练的人可能知晓正确的呼吸法、深呼吸和腹式呼吸等方法。而没有过相关经验的人，是不知道“正确的深呼吸方法”的。

也就是说，很多人即使被告知“紧张了请深呼吸”，也只能按照自己意识中存在的深呼吸方法来进行。他们不仅不知道正确的深呼吸、腹式呼吸的方法，甚至在做“错误的深呼吸”。

可以切换至副交感神经的深呼吸、可以缓解过度紧张的深呼吸，如果不能用正确的方法进行，则不能发挥任何作用。

即使直面死亡也坚决不动！持续1400年的古武术中控制紧张感的奥义

笔者从2年前开始学习古武术，每周一次，去道场练习。

学习的内容多种多样，包括居合（本意指的是日本剑术中对峙的双方。后来发展出居合斩、居合道。指的是在对战中，自己的武器掉落或者断裂时，需要立刻拔出自己的佩刀应战时所施展的招数，即拔刀术。）、剑术、柔术、冥想等。

我之所以选择学习古武术，其实是因为我强烈意识到“自我控制”的重要性。我希望实现内心和身体的“随心所动”。人一超过50岁，就能感觉到无论是体力，还是记忆力、集中力都有所衰退。对此，我有些焦躁，想要做些什么来防止这件事情的发生，尤其是写书需要长时间保持注意力的集中。那么，是否存在可以将集中力提升至最佳水准的锻炼方法呢？为了锻炼“自我控制”力，我尝试了诸多方法，直到我遇到了“古武术”。

我所研习的“九曜流居合平法”，是起源于飞鸟时代，延续了1400多年的传统流派。这种武术是为了身着铠甲在战场上战斗。“平法”指的是在战场上决定生存还是死亡时，即在这样事关生死、极其紧迫的情况下，能够保持平常心的方法，恰恰可以说是“紧张控制术”的根本之法。

在战场上与敌人一对一对峙时，如果紧张感增强，肌肉僵硬便不能发挥瞬间爆发力。0.1秒的迟缓即可分出胜负，甚至可以说，这是迟缓0.1秒钟则会死亡的世界。在剑与剑针锋相对时，能够更好地控制紧张感的一方会获胜。

在决定生死的终极场面中尚可以控制紧张感的话，那么考试、演讲、发表会等场合就更不足惧，可以说能够轻松克服。

你是否想要知晓，在决定生死的终极场面中，可以完全控制紧张的方法呢？

无论如何紧迫的场合都不会陷入过度紧张，可以发挥最佳水准的方法，即**30 秒钟呼吸一次**。

我们在进行练习时，采用“30 秒呼吸一次”的呼吸方法。用 3～5 秒的时间吸气，用大概 25 秒的时间缓慢地吐气。而且这不是一个静止的状态，而是一边挥剑一边进行的。最开始因为气息不能持续所以很难实现，虽然现在的我仍然在修行的过程中，还不能完全自如地“30 秒呼吸一次”，但我一直在朝着这个目标努力。

如果能够达成这一目标，即使在战场上也不会过度紧张，从而发挥出最佳水准。

“30 秒呼吸一次”，换个说法就是“深呼吸”，这也可以说是一种非常深且长的深呼吸。

通过横膈膜进行的腹式呼吸，是呼气很长的深呼吸，能让副交感神经占主导。可以说，安定交感神经，切换为副交感神经的最强方法，非“30 秒呼吸一次”莫属。

或许是偶然，传说有着 4500 年历史的瑜伽中也有相同的真髓。在做瑜伽时，1 个动作保持 30 秒，做 1 个动作进行 1 次呼吸。也就是说，在做瑜伽时，也鼓励大家 30 秒呼吸一次。

终于找到了控制紧张的关键，那就是“呼吸法”。

正确的深呼吸，错误的深呼吸

为了读者能更好地理解，我们在说明“正确的深呼吸”之前，先举几个“错误的深呼吸”的例子。

错误的深呼吸主要有以下 4 种：

1　呼吸浅

2　呼吸次数多

3　意识集中于“吸气”

4　吸气时间长

在交感神经占主导时，人的呼吸会变浅，呼吸次数增加。反过来也成立，即呼吸浅，呼吸次数多，会导致交感神经占主导，紧张感增强。

“过度呼吸”就是一个极端的例子，短浅的呼吸不能停止下来即为“过度呼吸”。人在过度呼吸时，紧张、不安、恐怖的情绪也会愈发增强，严重时甚至会陷入恐慌状态。作为精神科医生，我见过多位过度呼吸的患者，随着呼吸的进程，不安和恐慌的情绪也不断增强。

正如例子所示，如果采用了错误的呼吸方法，何谈缓解过度紧张？甚至会朝着完全相反的方向发展，使紧张感增强，大失方寸。

关于呼吸，有一个重要的法则，即：在呼气时副交感神经会活跃起来，相反的，在吸气时交感神经则会活跃起来。

如果错将注意力集中于“吸气”，会导致交感神经占主导。因此，理想的深呼吸状态，与其说是“吸气”，更应该是气息自然的流入。即并非“吸入气息”，而是空气自动地流入肺部。

另外，与吸气的时间相比，呼气的时间如果不能达到其 2 倍以上，副交感神经则不能占主导。比方说吸气时间为 5 秒时，则需要 10 秒以上的时间来呼气。

在了解了错误的深呼吸之后，正确的深呼吸方法也揭开了其面纱。

正确的深呼吸方法：

1　将气息吐净

2　呼气时气息细且长

3　腹式呼吸（横膈膜上下运动）

4　呼气时间为吸气时间的 2 倍以上

5　呼气时间为 10 秒以上

其中，最重要的是第一点，“将气息吐净”。在将气息吐净的一瞬间，即打开了副交感神经的开关。如果在气息没有吐净的状态下，副交感神经的切换效果则不会太理想。

人人皆可做到！1 分 3 次深呼吸法

到底该如何进行深呼吸呢？让我们来一起尝试 1 分钟内进行 3 次深呼吸的“1 分 3 次深呼吸法”。

第一步，用鼻子吸气 5 秒钟（5 秒）。

第二步，用口呼气 10 秒钟（10 秒）。

第三步，再用5秒钟的时间，将肺里的空气全部吐出（5秒）。

用5秒钟吸气，用15秒钟呼气。1个周期20秒钟，重复3次正好60秒钟，即1分钟。

仅仅1分钟，缓解过度紧张的效果也是绝佳的。假如过度紧张的状态没有得到缓解，那么请持续进行2分钟、3分钟。

吸气时，找到腹部膨胀起来，腰和后背也膨胀起来的感觉，将横膈膜向下压。

呼气时，将横膈膜向上提，吐气。像用吸管吐气一样，均匀地、绵长地吐气。用10秒钟由口吐气后，剩下的5秒钟将留存肺部的气息全部吐出。仿佛腹部和后背要贴在一起似的，将全部气息吐净。

接下来，让横膈膜向下，空气自然流入空空如也的肺部。因为，此时如果有意识地吸入空气，会导致交感神经占主导。所以这个时候不要吸气，而要让"气息自动流入"。请一定注意，如果有强烈的"吸气"的意识，或者用肺大力吸入空气，均会导致交感神经占主导。

用5秒的时间吸气，用15秒呼气。逐渐习惯后，"呼气"持续的时间会有所增加。

我们可以就这样，将呼气的时间慢慢延长到20秒、25秒。

用5秒吸气、25秒呼气，如果能做到这样，30秒呼吸一次，即可以称得上是高手了。"1分3次深呼吸法"不分时间地点，只需1分钟就可以完成，让我们利用闲暇时间或者短暂的时间间隙来一起练习吧！

深呼吸需要练习

有很多“容易紧张的人”，是本来呼吸就浅的人。同时，因为在紧张状态下交感神经占主导，呼吸也会随之变得更浅。

正因为如此，呼吸浅则容易紧张。由于原本呼吸浅，很难顺利完成需要深吐气的深呼吸。其结果即是很难从“过度紧张”的状态中脱离出来，容易陷入一种恶性循环之中。

既然如此，我们该如何是好呢？答案是从平时开始练习深呼吸。**想要控制紧张感，需要从平时开始练习深呼吸**。实际上，我每天都在进行冥想。冥想又被称为外在的深呼吸练习。在拥挤不堪的公交地铁里，因为不能读书，我也会进行深呼吸的练习。

只有在平时做好深呼吸的练习，到关键时刻，比如考试、面试、发表会等正式场合，才能够进行正确的深呼吸，顺利切换至副交感神经。

公交地铁是练习深呼吸的绝佳场所

拥挤不堪的公交地铁，光是坐在里面，也会感到巨大的压力，一股十分不悦的情绪袭来。这时，交感神经占主导地位。在压力来袭感到心烦意乱时、在焦躁时，恰恰是练习深呼吸的绝佳机会。

通过 1 分钟 3 次深呼吸法，如果我们心烦意乱的情绪、焦躁的心情一下子消失了，则是进行了正确的深呼吸并且成功切换至副交感神经的证明。

如果烦躁的情绪没有消失，则说明我们没有切换到副交感神经。或者是深呼吸的方法错了，或者是深呼吸的时间不够。请继续练习深呼吸，以实现对情绪的控制。

在焦躁、发怒的情境中，如果可以通过深呼吸实现对情绪的控制，那么毫无疑问，在容易紧张的关键场合，你也可以通过深呼吸实现对紧张的控制。

如果我们在平时的练习中尚且不能很好地实现对情绪的控制，在更加强烈的紧张感袭来的关键时刻，想必也很难实现对紧张的控制。让我们认认真真地练习深呼吸吧。

有效利用逆境：深呼吸的负荷训练

除了公交地铁之外，还有可以练习深呼吸的情境，那就是被上司责骂时。

比如，上司怒气冲冲地责骂：你看你都做了什么？如此失败！

你内心可能会想："我完全没有做错。无论怎么看，责任都在对方公司。"但此话一出口无疑会带来巨大的麻烦，所以你会拼命咽回去，忍住不说。然而内心却会很恼火。

这时，上司可能会不停地斥责，但是请尝试一边听他说话一边缓缓地深呼吸。你会见证到恼火的情绪一下子消失不见。

在应对投诉电话时也是一样。面对怒气冲冲的投诉者，尽管想要冷静地与其对话，对方却不断地申斥，会导致自己焦躁，感到巨大的压力。

这时，请缓缓地深呼吸。一边深呼吸，一边听对方的话。

在超负荷、压力巨大的情况下，进行深呼吸的练习，是着实有效的，有实践经验的加持，可以更好地掌握深呼吸的方法。

在安静的场所一边冥想一边进行深呼吸的练习也并非不可以，只是不知道这样做是否会在“关键时刻”切实有效。想要掌握在实战中一定会发挥作用的深呼吸，请务必在平时焦躁、发怒时，养成立刻深呼吸的习惯。

如果在高压并且实践性强的时候，你能够通过深呼吸控制情绪，那么，在“关键的正式场合”肯定也能实现对紧张的控制。

例如，我们会建议考生“如果感到过度紧张就深呼吸”。然而考生在真的感到紧张时，会忘记“深呼吸”这件事。为了防止出现这种情况，在平时出现紧张、烦躁、要发怒的情绪时，就要养成立刻深呼吸的习惯。平时没有深呼吸习惯的人，在过度紧张大脑一片空白时，也不会想到要深呼吸。

“有点紧张的话，深呼吸”“有点烦躁的话，深呼吸”。必须做到让深呼吸形成条件反射一般才行。只有这样，你才会在关键时刻也不会忘记，在绝妙的时机，通过深呼吸回避危机。

总之，请在平时开始练习深呼吸，养成习惯。哪怕一天练习一分钟，坚持下来，一定会养成习惯。

考试开始前 1 分钟的放松法

在考场，分发完试卷，距离考试开始还有 1 分钟时，是考生最容易紧张的时间。一般在考试开始后，大家会想着“只能硬着头皮答了”。考前这 1 分钟，考生最容易紧张和被讨厌的情绪所支配。

此时希望各位读者所做的，即一边看着手表的表盘，一边践行“1 分 3 次深呼吸法”。

首先，注视手表的表盘指针，在秒针到达“12 点”的位置时开始计时，作为 0 秒起始，用 5 秒钟吸气。接下来用 10 秒，缓缓地吐气，在此之上再用 5 秒钟将气息完全吐净。

尝试之后你会发现自己非常忙碌，可以说处于一种除了呼吸，其他任何事情都无暇考虑的状态。所有多余的担心和不安，诸如如果有太难的题目怎么办、如果不能在规定时间内答完题目怎么办等，都完全没有涌现的余地。

目光仅集中于“看表盘指针”，身体仅集中于“呼吸”。能做到如此，根本无暇考虑其他任何事情。呼吸间 1 分钟很快就会过去，“考试开始”的铃声响起。此时，经过 3 次持续 20 秒的呼吸，副交感神经占主导，紧张状态也调整为刚刚好，正可以最佳状态开始考试。

在举办演讲和音乐演奏会时，同样也是开始前 1 分钟最容易紧张，请在这 1 分钟之内尝试一下“1 分 3 次深呼吸法”吧。

副交感神经切换术 2　慢慢说话：战地摄像记者式紧张缓和法

在活动开始前控制紧张情绪的深呼吸，其使用方法想必大家已经知晓。

那么，在演讲过程中，在众人面前说话过程中的某一瞬间，突然开始过度紧张该怎么办呢？此时肯定是无法中断讲话来深呼吸的。有没有在持续讲话的同时，能缓解过度紧张的方法呢？

我有一个好办法，那就是“战地摄像记者式紧张缓和法”。

你是否听过战地摄像记者渡部阳一呢。“我……叫……渡部阳一，是一名……战地……摄像记者”，他的讲话方式很特别，特别缓慢，就像要嚼碎东西一样。这样的“慢慢地讲话”方式，恰恰是我要推荐的可以缓解过度紧张的讲话方式。

“一紧张语速就会变快”，这是事实。

为何一紧张语速就会变快呢？因为紧张会导致呼吸变浅，在呼吸变浅的状态下，如果讲话慢了则可能没法一口气说完一整句话，语速自然而然就变快了。也就是说，**所谓“语速变快”，恰恰是“呼吸浅”“交感神经占主导”，很“紧张”的证明。**

为此，我们在企划发表或者演讲等场合，在众人面前讲话紧张时，请有意识地“将语速降低 3 成”。

你可能会想“降低 3 成，语速岂不是太慢了！”，然而头脑中有意识地“降低 3 成”，实际上大概是“降低 1 成”，变成刚刚好的语速。如果一开始头脑中便有意识地将语速“降低 1 成”，实际上语速可能几乎没有变化。

要慢慢讲话，需要大口深呼吸。也就是通过有意识的“慢慢讲话”，可以获得与深呼吸同样的效果，即切换至副交感神经占主导。

“快语速”是紧张的加速器，“慢慢讲话”是紧张的减速器。

15 秒的间隔，创造内心的从容镇静

还有一种方法，即在讲话的段落之间，插入 15 秒的间隔，在这 15 秒的时间内进行深呼吸。如果是 3 分钟、5 分钟的简短演讲，可适当缩短间隔时长。如果是半个小时、1 个小时的长演讲，在话题转换时插入 15 秒的间隔，更有利于参加者理解讲演内容，对之前的内容做一个整理，还可以提高参加者的理解度和满意度。

对于讲话一方来说，15 秒的间隔，可能会感觉特别长。然而对于参加者来说，15 秒仅仅是一次呼吸的程度。

同时，紧张的讲话者有意识地想要插入“15 秒”的间隔，实际上可能仅有“10 秒”左右，这样的间隔时间其实刚刚好。

仅仅通过“慢慢讲话”就可以控制怒气

“慢慢讲话”对于控制怒气非常有效。

在接听投诉电话时，你一定遇到过对方怒气冲天，像炒豆子一样劈头盖脸地说一通的场面。这是因为人在愤怒时神经处于比“紧张”更加兴奋的状态，变得“语速过快”。

这时，对方的“快语速”会带得自己也“语速变快”，语言上针锋相对，被卷入对方的愤怒情绪之中，自己也怒上心头，变得容易发火。一旦接受投诉的一方发火，投诉的一方怒气更盛，使事态发展到更加严重的地步。在商务场合也经常会出现这样的

情况。

遇到这种情况，**如果能有意识地“慢慢讲话”，就不会被对方的愤怒所吞噬，可以用一直以来的平常心来应对。**

“诚然……如您……所说……敝公司……也一直朝着最好的方向……来进行处理……”

像渡部阳一一样，慢慢地，像要把东西嚼碎一样说话，你会发现不可思议的事情发生了，那就是对方的语速也在慢慢降下来，对方的愤怒情绪也逐渐镇定下来。

心理学中将此现象称为“情绪感染”。此时，不要让对方的愤怒传染给自己，让自己也变得愤怒，而是要将自己冷静的情绪传递给对方，使对方的情绪冷静下来。你需要做的，仅仅是“慢慢讲话”。

在我的患者中，也有人会怒气冲冲地来质问我：“居然出现了副作用！你要怎么办！”遇到这样的情况，我会采用柔和的态度，用缓慢的语速以及郑重的语气来应对。仅仅通过这一方式，会在5分钟之内让对方恢复平静的状态。

仅仅通过改变语速，即可实现副交感神经和交感神经的切换，自由控制紧张和愤怒等。“战地摄像记者式紧张缓解法”，是一种特别方便的心理技巧。

副交感神经切换术3　放松肌肉

在奥运会和世界田径锦标赛中，世界顶级的运动员们在比赛开始前的一刻，都在做什么呢？很多人猜想他们会通过剧烈活动身体来“热身”，结果很意外，大部分人都是只做一些简单的拉伸。

这样做的原因在于仅仅通过“放松肌肉”，身心就能得以放松。交感神经占主导时，肌肉会变得僵硬；副交感神经占主导时，肌肉会处于放松（松弛）状态。反过来也成立，通过放松肌肉，促使副交感神经占主导，从“过度紧张”的状态中解放出来，进入“适度紧张”的状态，能够实现最佳水平的发挥。

放松肌肉，即可实现身心放松。想必各位也有过相关体验。在享受过专业按摩师的按摩之后，我们的心情会变得特别愉悦，被治愈，心身都得以放松，开始犯困。

那么，人生紧张时为何肌肉会僵硬呢？

所谓紧张，其实与人遇到猛兽时的反应一样，处在是对抗还是逃跑的二选一状态。不管是对抗还是逃跑，都需要最大限度地发挥肌肉机能，调动交感神经使得心跳数上升，抑制流入内脏的血液，令血液进入肌肉中。

然而在过度紧张的状态中，人的心脏怦怦乱跳，会有超过需求量的血液被送入肌肉中。结果导致肌肉僵硬，身体僵硬，即陷入各种过剩的“肌肉紧张”状态中。

处理方法很简单：通过按摩或者拉伸，放松肌肉即可。**放松肌肉后，副交感神经占主导，在肌肉进入适度紧张水平的同时，精神上也会进入“适度紧张”的状态。**

在考试前坐在椅子上的状态，或者在演讲开始前一分钟站立的状态，都可以进行一些什么样的拉伸呢？什么样的拉伸有效果呢？

接下来我们将介绍一些无论何时何地都可以简单操作并且效果超群的拉伸方法。

① 旋转颈部

很多人在紧张时，颈周和肩会过度用力。因此最简单的拉伸方法即为旋转颈部。先顺时针旋转颈部，然后逆时针旋转。通过两三次的旋转，即可在很大程度上放松颈周肌肉。

② 甩动手指

我个人最常做的拉伸即甩动手指。像要甩开手掌和手指尖一样，扑棱、扑棱地快速甩动。在站立的状态下紧张感过强时，则可抖动脚趾。窍门是将手指和脚趾当成马鞭一样甩动。

一旦开始紧张，肌肉则无法顺利地进行精细动作。也就是说，如果能够顺畅地进行精细动作，紧张情绪则已经得以缓解。通过甩动手指，可以实现这一点。

如果觉得“有点紧张了”，请尝试“甩动手指”。“甩动手指”是最适合对“稍微有点紧张”的情绪进行微调的拉伸运动。

③ 肩部下沉

很多人在紧张时，肩部会用力，肩部周围的肌肉会僵硬。

在这样的状态下，即使想着自己要“绕动肩部”，可由于肩部肌肉过硬很难成功。手臂和大腿都可以自己揉一揉，可是却无法揉自己肩膀的肌肉。这时，我向大家推荐“肩部下沉运动”。

首先锁紧肩膀，然后使劲向上提肩，使肩部肌肉紧张。坚持大概 3 秒钟之后，让肩膀的力量一下子松懈下来，两肩用力下沉。“用力提肩，肩部下沉”“用力提肩，肩部下沉”，重复几次后，肩部肌肉就会得到放松。

过度紧张的人由于无法自主放松肩膀，因此可以先使劲，让肌肉更加紧张，随后彻底放松。通过这一动作，谁都可以在瞬间放松肌肉。

诀窍就在于：“先让肌肉更加紧张，再一下子放松下来。”

因为在坐着时，也可以使用“肩部下沉法”，所以该方法作为考试之前的放松，再合适不过了。而且，在站立的时候也可以做。真的是无论在什么场景都可以应用的万能方法，所以我们在平时就养成这个习惯吧！

④ 手臂下沉

如果通过“肩部下沉”也无法缓解肌肉紧张，那么可尝试一下“手臂下沉”运动。两手手指交叉，将双手举至头顶，最大限度地拉伸。拉伸 3～5 秒后，完全放松手臂和肩膀，使手臂和肩膀用力下沉。重复此动作数次。

这一动作幅度比起“肩部下沉”要大，除了可以放松肩部的肌肉，还可以在一瞬间放松手臂、颈周、后背等更大范围的肌肉，可以说是比“肩部下沉”更有效的拉伸运动。

以上 4 种拉伸运动，无论进行哪一种，放松自己感觉到僵硬、不灵活、生硬的部位是最重要的。

由于肌肉紧绷的位置因人而异，所以我们在平时便要掌握自己更易实现放松的肌肉位置，以及容易僵硬的肌肉位置，这样在关键的正式场合进行拉伸运动便可发挥更好的效果，缓解过度紧张的情绪。

⑤ 按压穴位

虽然“按压穴位”不属于拉伸运动，但我还是推荐大家掌握。缓解紧张和怯场症的穴位分别为合谷穴及神门穴。稍微用力，以“疼痛度刚好舒服”的强度，按压 3 秒钟，再慢慢地放开。

（1）合谷穴

合谷穴，位于拇指与食指分界的凹陷处的穴位，相当于做猜拳游戏中的剪刀时大拇指与食指形成的三角形的直角顶点的位置。按压这一穴位，可以让心情平静下来，缓解过度紧张的情绪。

同时，它还具备恢复因压力导致疲倦的自律神经正常机能的作用，常常被称为“万能穴位”。建议容易过度紧张的人，不仅是在过度紧张的场合，平时也可以多按这个穴位。

（2）神门穴

神门穴，位于腕部、腕掌侧横纹尺侧端，尺侧腕屈肌腱的桡侧凹陷处。与心脏关联甚密，以心悸、气喘为表现的焦躁、拖延等紧张症状均可以通过按摩此穴位得到缓解。特别推荐给容易心跳加速的人。

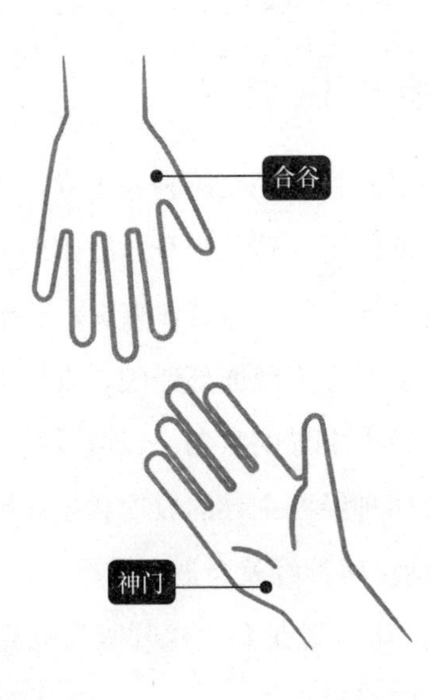

拉伸只需简单进行

在体育界有这样一种说法：比赛前如果过度重视拉伸运动，会导致瞬间爆发力低下，全力奔跑的速度也会有所下降。有一种解释是如果肌肉变得过于柔软，就像“旧衣服的松紧带”一样，伸缩水平降低。

以上介绍的拉伸方法，目的是让过度紧张的肌肉恢复正常水平，缓解过度紧张的情绪。拉伸几次，达到“适度紧张”的状态后即可停止。

在心理上也是一样，如果长时间进行拉伸或者按摩，会进入比“适度紧张”更松弛的状态，“过于放松”的状态，大脑的发挥也会有所下降，所以适度很重要。

副交感神经切换术 4　笑容

放松肌肉，可以转换至副交感神经主导，缓解过度紧张的情绪。之前我们已经介绍了一些放松身体肌肉的方法，其实放松面部肌肉也可以获得同样的效果。具体来讲，露出“笑脸”即可。

过度紧张时，人们会出现面部僵硬、表情不自然、表情生硬的状态，即交感神经占主导的状态。表情柔和，露出自然的笑脸的状态，则是副交感神经占主导的放松状态。也就是说，仅仅通过露出“笑脸”，副交感神经就会占主导。

露出“笑脸”，可以说是和“深呼吸”并列的，最简单、见效最快的缓解紧张的终极大法。

保持 10 秒的笑容即可缓解过度紧张

露出笑脸，即可达到放松的效果。如果我这么说，一定会有很多人质疑：“就这么容易吗？”所以，我们先介绍一些相关的科学研究成果。

加州大学有一项研究，让被试分别做出“笑脸”“恐怖”“愤怒”三种表情。接下来，让被试不出现面部表情的变化，而是在心中想象三种情绪。再通过类似于测谎仪的装置来分别测定和记录其心跳数、体温、皮肤的电波信号、肌肉的紧张程度等指标。

实验结果显示，被试在做出笑脸仅仅 10 秒钟后，身体的表现竟然与安心状态下是一样的。安心状态下的表现为：心跳速度慢，肌肉松弛，放松。

也就是说，仅仅通过做出“笑脸”，就会开启副交感神经的开关。

此外，当被试做出恐惧的表情，也就是“蹙眉”时，引起恐惧状态时的身体表现：肌肉僵硬，体温低。通过做出恐惧的表情，即开启了交感神经的开关。

在被试回想、回忆相关表情的体验时，实验人员也观察到了类似的变化，然而这需要 30 秒的时间才能奏效。真的做出表情来，则只需要 10 秒即可见效。

总结一下，过度紧张时仅仅通过做出 10 秒钟的笑脸，即可开启副交感神经，缓解过度紧张的情绪。

这一研究表明“保持 10 秒的笑脸即可缓解过度紧张”，真是一项了不起的研究成果。

威斯康星大学的一项研究表明，被试通过收缩做出笑脸时用到的肌肉，单纯模仿笑容，会更难感知他人的“愤怒”，也说明笑容有抑制消极情绪的效果。

笑容促进分泌血清素

在下一章我们会详细介绍脑内的治愈性物质——血清素，笑容可促进分泌血清素。为什么这么说呢？因为血清素控制表情肌（做出面部表情的肌肉）。反过来，**通过露出“自然的笑脸”，也可以促进血清素的分泌。**

抑郁症患者就像戴着面具一样面无表情，完全看不到笑脸。抑郁症患者的脑内物质血清素含量低，甚至枯竭。因此，抑郁症患者无法控制表情，多数时候会面无表情，不能做出笑脸。

除血清素外，笑容还能促进多巴胺、内啡呔等多种脑内物质的分泌，使身体产生治愈性的变化。

分泌被称为幸福物质的多巴胺，人们会产生幸福感。另外，如果分泌被称为脑内麻药的内啡呔，人们会产生感谢、感动等情绪，幸福感达到顶峰。另外，笑容还能够降低压力荷尔蒙、血压和血糖含量。血压下降，恰恰是副交感神经占主导的证明。

有效的笑容练习——实践篇

好了，接下来请笑容满面吧！预备……开始！

好，你是否做到了“笑容满面”呢？想必很难吧。

“笑容满面”可以一下子缓解过度紧张的情绪，然而，出乎意料的是，很少有人能够做到马上“笑容满面”。

所谓的马上能够做到“笑容满面”的人，指的是在拍摄集体照时，听到“茄子”，即可以立刻“笑容满面”，在照片中呈现最完美笑脸的人。这一技能通常模特、演员等职业的人都能做到，而对于普通人来说却是很难的。

但我可以做到。为什么呢？因为我每天都在进行笑容练习。实际上，模特们也会进行笑容的练习，演员们则会进行笑容以及其他各种表情的练习。

“露出笑容吧”，说起来容易，做起来却没那么简单。不过只要我们从平时开始就坚持笑容练习，那么无论何时，都可以做出笑脸。

笑容练习　场景 1　剃须时，化妆时

每天早上刮胡子时我都会进行笑容练习。一般用电动剃须刀刮胡子需要 3 分钟的时间，而刮胡子时，我们正好看着镜子，可以说是练习笑容的绝好时机。可以一边照镜子，一边做出“满面笑容”。

女性可以一边化妆一边进行笑容练习，或者在补妆时、去洗手间照镜子时，都不失为练习笑容的时机。如果一天会照镜子 3 次及以上，那么至少就可以进行 3 次的笑容练习。只要坚持做下去，一定可以在一瞬间呈现出最自然的笑容。

笑容练习　场景 2　自拍时，照集体照时

很多人会将自拍的照片发到社交网站上，在自拍时，我们就可以尝试一下做出“满面笑容”的笑容练习。

我也曾将自拍的照片上传到脸书，在自拍时“满面笑容”，还是非常有难度的。拍照时，如果有朋友在身边，倒是可以露出自然的笑容，如果是一个人，情绪则很难高涨起来，表情也很僵硬。也正因为如此，“练习”才更有效果。

除了自拍，拍摄集体照也是进行笑容练习的绝佳机会。在拍摄集体照时总有人表情僵硬、闭着眼睛。有些人不擅长拍摄集体

照，其实是因为这些人**不擅长控制自己的表情肌，也就是不擅长快速呈现出笑脸，这便意味着“不擅长控制自己的情感”**。越是这样不擅长拍照的人，越是应该踏实地进行笑容练习。

通过练习，如果我们在听到“茄子”的一瞬间便可以露出笑容，在非常紧张的场合，应该也可以瞬间露出笑脸，缓解过度紧张的情绪。

笑容练习　场景3　平时的交谈中

爱笑的女性会让人觉得非常可爱，她在哪里，哪里的氛围就会变得愉快起来。

爱笑的男性给人的好感度也高，会使人认为他为人处世、接人待物都很好。没错，笑容是人际交往的“润滑剂”。笑容不仅可以缓解自己的紧张，还能缓解对方的紧张感，让整个氛围变得柔和起来。

“爱笑的人”与“不怎么笑的人”相比，毫无疑问，“爱笑的人”给人的好感度会更高，更受人喜爱。从这个角度来讲，我们也应该平时就多笑一笑。爱笑，有百益而无一害。

平时在工作单位和同事交谈时，与朋友交谈时，也要有意识地笑一笑，多多呈现笑容。在日常交谈和人际交往中，也应该多多进行笑容练习。

在平时多露出笑容，也就意味着一直在进行表情肌的练习、副交感神经的练习。自然而然地就会成为“不容易过度紧张”“即使过度紧张也可以很好地控制情绪”的人。

笑容练习　场景4　用手机时

观察乘坐电车时使用手机的乘客，绝大部分的人都是嘴角朝下，紧锁双眉。根据我的观察，在电车中，笑着使用手机的乘客大概只有 1/5 吧。可能是在给恋人发信息的笑容满面地使用手机的人，不足 1/10。

手机真的如此乏味吗？如果真的如此让人不悦，甚至到了“蹙眉”的程度，那干脆不要用手机好了。即使从控制紧张的脑科学的角度来讲也是一样。

在前文中我们解释过“蹙眉”是代表“恐惧”的表情。嘴角向下的“蹙眉”表情，恰恰是不安、恐惧、紧张的体现。与嘴角上扬的“笑容”分属于两个对立的状态。

如果说笑容练习是缓解紧张的练习，那么与之相对，“蹙眉”恰恰相当于是在进行创造“紧张状态”的练习。“蹙眉”使用 30 分钟、1 个小时的手机，相当于将“紧张状态”刻入大脑之中，给大脑带来非常不好的影响。

美国达特茅斯学院的研究显示，通过注射肉毒杆菌（神经麻醉药物），麻醉了做出“蹙眉”动作所需要的表情肌肉后，呈现“恐惧的表情”所导致的杏仁核的兴奋也得到了抑制。没有“蹙眉”时，杏仁核的兴奋程度低，也可以说，不容易紧张。

所以，在使用手机时，请常常有意识地“笑”，不要“蹙眉”，保持面带笑容使用手机。如果 1 天使用 1 个小时的手机，那就可以进行 1 个小时的笑容练习。如果每天使用 3 个小时的手机，就可以进行 3 小时的笑容练习。经常练习，你应该称得上“笑容”达人！

笑容练习 场景5 口含筷子

有些人虽然想要练习笑容，却完全做不出笑脸。即使做出来，笑容也特别僵硬。对于这样的人，我推荐先从“口含筷子”开始进行练习。

将筷子横过来，含在嘴里。每天进行 1 分钟即可，请坚持下去。

可能有人会想：“口含筷子”这样愚蠢的练习怎么会有意义呢？

做不出笑脸的人，其表情肌也会退化。因此，从练习表情肌的角度来讲，“口含筷子”练习也是有意义的。

有研究表明，从脑科学的角度，单纯做“口含筷子”会产生与“露出笑容”一样的变化，也就是会分泌血清素、多巴胺、内啡呔，达到放松的效果。

“口含筷子”这一练习，也被称为“成为笑容美人的练习”，在各种美容相关的书籍中也都有所介绍，请大家务必试一试。

如前所述，每天我们可以进行笑容练习的时间不可胜数。“蹙眉”是 NG（不可以）的。让我们常常露出“笑容”吧，这也是成为“不容易过度紧张的人”的基本性的练习。

一瞬间消除演讲开始前的过度紧张的方法

不擅长演讲的人，发出刚开始的“第一声”时应该是非常紧张的。演讲开始后，大部分人的过度紧张都会得到缓解，说演讲的“第一声”是紧张的顶峰也不为过。

有一个办法可以在一瞬间缓解最紧张的“第一声”，**方法就是，充满活力、笑容满面地说出第一声“大家好”**。

我参加研讨会、演讲时，一定会从笑容满面的这句“大家好”开始。

实际应用一下就能感受到，尽管只是简单的一句话，如果能够真的满面笑容地说出来，过度紧张的情绪会在一瞬间消失。

企划发表开始前的 1 分钟，也应该是非常紧张的。这时，请将注意力都集中在“想要笑容满面地说出大家好”。这样，不安和杂念都会消失不见。

要笑容满面地说出“大家好”，如果在平时经常进行笑容练习，就是很简单的事情，万无一失。

当演讲者笑容满面、充满活力地说出“大家好”，会场的与会人员一般会回应“你好”，或者掌声如潮，会场的氛围一下子就和谐了。

好的开始是成功的一半。通过“第一声”，无论是会场的紧张氛围也好，还是你内心的紧张感也好，一下子都得到了缓解。

仅仅用 1 秒，面带笑容的一句话，就可以缓解过度紧张的情绪。

终极紧张缓解法为“做鬼脸”

如果你是真的不擅长笑，还有别的方法，即“做鬼脸”。这一方法最好不要一个人实践，而是两个人或者团体来做，效果会特别明显。

说起来，你是否看过鬼脸大赛呢？伴随着“做鬼脸吧，啊哈哈”的吆喝声，参加者们竞相做出鬼脸。尝试一下你就会知道，在做鬼脸之后，大家互相看着会忍不住笑出来。

实际上，我在“紧张力研讨会”中，也尝试举办过“鬼脸大赛”，一瞬间，紧张的氛围就被和睦亲切的氛围取代，所有参加者都露出了笑容。

只是想着要做出笑脸，表情会很僵硬。但“做鬼脸”之后会露出最自然的笑脸。同时，过度紧张的情绪也自然而然地得到缓和。

比如，高中的足球队，10 分钟之后重要的比赛即将开始。此时所有选手们都处于过度紧张的状态，气氛很紧张，就像参加葬礼时的氛围一样，感觉要被现场的气氛所吞噬。在这样的情况下，不管领队和教练再怎么说“放松，再放松！”都无法缓解现场的紧张氛围。此时，教练提议进行“鬼脸大赛”，现场的氛围一下子就改变了。

一个人做鬼脸也是有效果的。当然，如果是一个人做，那就是“鬼脸训练”。边照镜子边做鬼脸，你会发现自己很难做出有趣的鬼脸来。当然，实际上是因为面部肌肉太僵硬，面部肌肉运动不能如你所想。不过在不断尝试几种鬼脸之后，面部肌肉就会开始放松，慢慢就能做出有意思的鬼脸了。其实，做鬼脸就是表情肌的拉伸练习。

我们在前文介绍过放松身体肌肉，会令副交感神经占主导。通过“做鬼脸”放松面部肌肉，也可令副交感神经占主导。

如果“笑容”也无法缓解过度紧张，那么，作为最后的撒手锏，请尝试“做鬼脸”吧。

副交感神经切换术 5　睡眠

睡眠不足的人容易紧张

睡眠是非常重要的。不夸张地说，我的著书中几乎都有强调睡眠的重要性。在“紧张的控制”方面，睡眠也有着非同寻常的意义。

有研究表明，一旦睡眠不足，情感的控制能力也会随之减弱。这是因为睡眠不足会导致交感神经占主导。一般来说，平均睡眠时间如果低于 6 小时，就容易陷入睡眠不足的状态中，这样的人大部分时间都是交感神经占主导。简单来说，就是睡眠不足者容易过度紧张。

还有研究表明，睡眠不足 6 小时的睡眠不足者，其患高血压的风险会升高 2.5 倍。另外，还有报道说睡眠时间不足 6 小时的失眠症患者，患高血压的风险会高至 5.1 倍。

哈佛大学有一项研究，以睡眠时间低于 7 小时、有患高血压倾向的男性和女性共 22 人为对象，进行了为期 6 周的观察。被观察者会增加一个小时的每天睡眠时间，结果观察发现血压数值下降了 8～14 毫米汞柱。另外，通过每天增加 35 分钟的睡眠时间，也得到了血压值下降的结果。也就是说，通过每天增加 35 分钟至 1 个小时的睡眠时间，高血压症状可以得到改善。

高血压，其背景为交感神经占主导。这些研究均显示睡眠不足会导致交感神经占主导，导致血压上升。

也就是说，**睡眠不足者的副交感神经与交感神经的天平，在平时就是大幅偏向于交感神经一侧的。处于这样的状态下，当这类人直面考试、演讲等“容易过度紧张的场合”时，计速器很容易就突破 100 的大关**。

日本国立精神·神经医疗研究中心利用功能 MRI（磁共振成像）的一项研究显示，在睡眠不足的状态下，面对不安和恐惧，杏仁核的活动会更加亢奋。人在睡眠不足时，比起正常的状态，会更容易紧张、不安。

也就是说，睡眠不足是导致过度紧张很大的原因。

容易过度紧张者，请首先保证自己的睡眠时间在 7 个小时以上。

绝对不要在关键正式场合的前夜通宵

除了慢性睡眠不足，仅仅一次通宵也会导致交感神经明显占主导。通宵熬夜会莫名地导致兴奋，或者情绪高涨，这是因为睡眠不足导致交感神经占主导。

一定有很多人在考试的前一天通宵学习；也会有好多人在演讲的前一天，彻夜不眠地做准备。因为前一晚的通宵，开启了交感神经的按钮，相当于自己造成了自己的过度紧张。容易过度紧张者一定不要在正式场合的前一晚熬夜通宵，请务必保证 7 个小时以上的睡眠时间。

副交感神经切换术 6　善于利用饮食和香料

① 水

深呼吸和拉伸都很麻烦，是否有更简单的、马上就能够发挥效果的紧张缓和法呢？答案是有的，而且真的非常简单。

那就是“喝水”。

在影视剧中，经常会看到对激动的人说“来，喝点水吧”的镜头。也经常会听到有人说“多喝水就能平静下来”。这可不是都市传说或者谣言，而是有医学根据的。

通过喝水引起胃结肠反射，肠道开始蠕动。由于肠道活动会使得副交感神经占主导，所以仅仅通过喝水，即可让副交感神经占主导。由此可以缓解过度紧张。

去演讲的话，讲台上肯定会准备水和杯子。紧张感增强时，喝一口水即可缓解过度紧张的情绪。

② 用餐

空腹时，交感神经机能开始活跃。从生物学的角度考虑，空腹后即有必要捕食。而捕食需要提高兴奋度、集中度，为寻找猎物、捕捉到猎物，必须提升身体机能。

此外，进餐后，因为消化的关系肠道开始活动，肠道蠕动后副交感神经占主导。也就是说，**空腹时交感神经占主导，而吃饱后则是副交感神经占主导**。

因此，容易过度紧张者，为切换至副交感神经占主导，需要避免完全空腹的状态，可以稍微吃一些东西。

不过，如果进食过多、过饱，则容易犯困。这是因为空腹时分泌的食欲肽（Orexin）水平降低的缘故。所以在考试、演讲等正式场合之前，进餐大概八分饱即可。

另外，进餐时需要多咀嚼，因为咀嚼能加快分泌血清素，使人倾向于进入放松的状态。

通过进餐，可以分泌有助于切换至副交感神经的血清素，可谓一石二鸟。

③ 咖啡

想必很多人都听过这样的说法："咖啡有放松的效果。"所以有些容易过度紧张的人，会在活动正式开始前喝咖啡。然而实际上，容易过度紧张者应该戒掉咖啡。

咖啡是提高兴奋程度的饮品。早上一杯咖啡，可以让迷糊的大脑清醒过来，使大脑进入临战模式。夜晚犯困时，一杯咖啡可以吹走睡意，让我们精力充沛。

"兴奋度"是倒 U 形假说图（见图 1）中，水平方向的横轴所表示的内容。根据图示，喝咖啡会导致兴奋度提高，向右侧"紧张"的方向靠拢。咖啡中含有的咖啡因，具有使交感神经兴奋、血压上升的作用。

所以对于紧张，咖啡并非刹车，而是起到油门的作用。

经常听说有科学研究表明，咖啡有放松的效果，但这都是针对咖啡的“香气”的研究。而咖啡并非只是用来闻“香气”，主要是用来饮用。这时，咖啡因的“兴奋作用”也会强烈地显现出来。

例如，早上起床头脑还迷糊时喝一杯咖啡，大脑会清醒过来，计速器在时速0～20之间，或者在情绪低落时喝一杯咖啡，踩一脚油门，也会进入紧张和放松平衡的“适度紧张”状态。

咖啡因的“半衰期”大约为6个小时。这并不是说6个小时内会代谢完成，而是指6个小时后血液中的咖啡因浓度会减半。考虑到对睡眠的影响，下午2点以后最好不要摄入咖啡因。几个小时前喝的咖啡，其影响力可能持续到间隔很久的现在。

如上所述，咖啡是可以让情绪高涨的饮品，对于容易过度紧张者来说，应该尽量避免摄入。

④ **柑橘茶**

还有一种说法，饮品中除了咖啡，柑橘茶也有让人放松的效果。

天使大学的研究表明，饮用柑橘茶后，脑波中的α波、唾液淀粉酶活性以及“不安感评分”所测定的感情状态等各项指标，均证明其具备减轻压力的作用。柑橘具有活跃副交感神经，减轻压力的效果。

⑤ **香氛**（薰衣草）

我们常常听说香草、香氛具有让人放松的功效。其中，使用薰衣草进行科学研究的论文数量可观。薰衣草可以活跃副交感神经、降低血压、降低体温、增强 α 波。据有关数据显示薰衣草具有镇静、抵抗不安感等放松功效。

在容易紧张的场合，随身携带具有薰衣草香气的东西。这个很容易做到，值得一试。

副交感神经切换术 7　调整自律神经的紊乱

以上我们已经介绍过深呼吸、拉伸、笑容等各种可以开启副交感神经，缓和过度紧张的方法。可能有的人尝试了上述所有方法，但还是不能控制过度紧张。

这些人不能顺利从交感神经切换到副交感神经，很大可能是因为自律神经紊乱。

我们将自律神经严重紊乱，出现各种症状的状态称为“自律神经失调症”。自律神经失调症的表现有很多，比如，慢性疲劳、倦怠、头晕、头痛、心悸、发热、失眠、便秘、腹泻、低烧、耳鸣、手脚麻木、口腔喉咙的不适感、尿频、尿不净等。另外，还会出现烦躁、不安感、生疏感、意志消沉、没有干劲、心情抑郁、感情起伏剧烈、焦躁等精神症状。如果出现上述症状中的几点，那就有可能患有自律神经失调症。

另外，即使没有严重到患有自律神经失调症的程度，因为一点压力就会出现心跳加速、面部发烫、肚子疼或者腹泻症状的人，压力更容易给其身体带来影响。这样的人很有可能自律神经是紊乱的。

因为一点事情就会开启交感神经的开关，很难恢复到副交感神经占主导的状态。**自律神经紊乱的人，即使尝试前文中所说的深呼吸、拉伸、笑容等放松方法也很难见效**，因为他们陷入了交感神经容易“暴走”的状态中。

这一类人，需要好好调整自律神经的紊乱。

常见的调整自律神经紊乱的方法主要有规律生活、消除压力。熬夜或者彻夜不眠、昼夜颠倒的不规律作息，会使自律神经容易变得紊乱。除此之外，烦心事、担心的事、持续性的压力等也是导致自律神经紊乱的原因。我们要探究自己有压力的原因，努力去消除压力。

对压力进行管理是我们必须要做的。

本书将介绍以下几种调整自律神经紊乱的方法，方法很简单，谁都可以应用在日常生活中，包括：“单侧鼻孔呼吸法”“自律神经训练法”“睡眠训练”。

诺贝尔奖获得者推荐“单侧鼻孔呼吸法”

我是一位过敏性鼻炎患者，大部分时间左右两只鼻孔肯定有一只是堵着的。一直以来我都羡慕两个鼻孔都可以顺畅呼吸的人。直到最近我才知道原来单侧鼻孔呼吸是正常的，真令我惊讶。

为防止鼻黏膜干燥，在自律神经的作用下，鼻黏膜会间隔2～3 个小时交互膨胀，这也被称为“交替性鼻塞”。原来，单侧鼻孔堵塞居然是正常的生理现象！

通过践行应用此原理的“单侧鼻孔呼吸法”，即可调整好自律神经。“单侧鼻孔呼吸法”在瑜伽中被称为“交替鼻孔呼吸法”，是瑜伽六大呼吸法之一。

在现代瑜伽中常说右鼻掌管交感神经，左鼻掌管副交感神经。所以通过单侧鼻孔呼吸，可以调整左右鼻的平衡，进而调整交感神经和副交感神经之间的平衡。

用鼻腔呼吸时，鼻内黏膜上会产生一氧化氮。一氧化氮有扩张血管的功用，而血管的扩张，会促使氧气和营养在脑内和全身顺畅循环、自律神经正常运作。

通过单侧鼻孔呼吸，一氧化氮在鼻孔中停留贮存，更便于从鼻腔黏膜中运输出来，除了调整自律神经恢复正常，还有很多其他的健康功效。

罗伯特·弗奇戈特、路易斯·伊格纳罗、费里德·穆拉德几位博士发现一氧化氮承担着心脑血管系统中重要的信息传达功能，并于 1998 年获得诺贝尔生理医学奖，也正因为如此“鼻呼吸”又被称为“诺贝尔呼吸”。从 4000 年前传承至今的瑜伽呼吸法的效果，被最新科学研究所证实。因此可以说单侧鼻呼吸的效果与可信度是无须质疑的。

一氧化氮在调节血压、维持稳定状态、神经传达、免疫机能、呼吸机能等方面发挥着非常重要的作用。研究表明，通过鼻呼吸、单侧鼻呼吸，增加一氧化氮含量，可以降低血压和胆固醇，具有预防高血压、脑中风、心脏病发作、动脉瘤、动脉硬化等效果，提高免疫力。

同时，单侧鼻呼吸也可作为日常的鼻呼吸训练，通过鼻呼吸，睡眠障碍、打鼾、鼻塞等症状也能得到改善。

单侧鼻孔呼吸的方法

有几种单侧鼻孔呼吸法的版本，在此向大家介绍我采用的方法（见图 6）。

1　右手拇指放在右鼻翼、食指放于左鼻翼上。

2　按住右鼻孔，通过左侧鼻孔吸气。

3　按住左鼻孔，松开右鼻孔，由右侧鼻孔呼气。

4　由右鼻孔吸气。

5　按住右鼻孔，松开左侧鼻孔，由左侧鼻孔呼气。

6　交互进行大概 5～10 分钟。

吸气时大概用 4、5 秒的时间，呼气时大概持续 8～10 秒以上的时间。

有意识地聚焦横膈膜的上下活动，进行腹式呼吸。

除了按住鼻翼，其他细节和前文中介绍的“深呼吸”方法相同。

我在等车、走路时经常会做单侧鼻呼吸。尤其是在鼻塞严重时，仅仅通过单侧鼻呼吸 5 分钟即可得到改善。

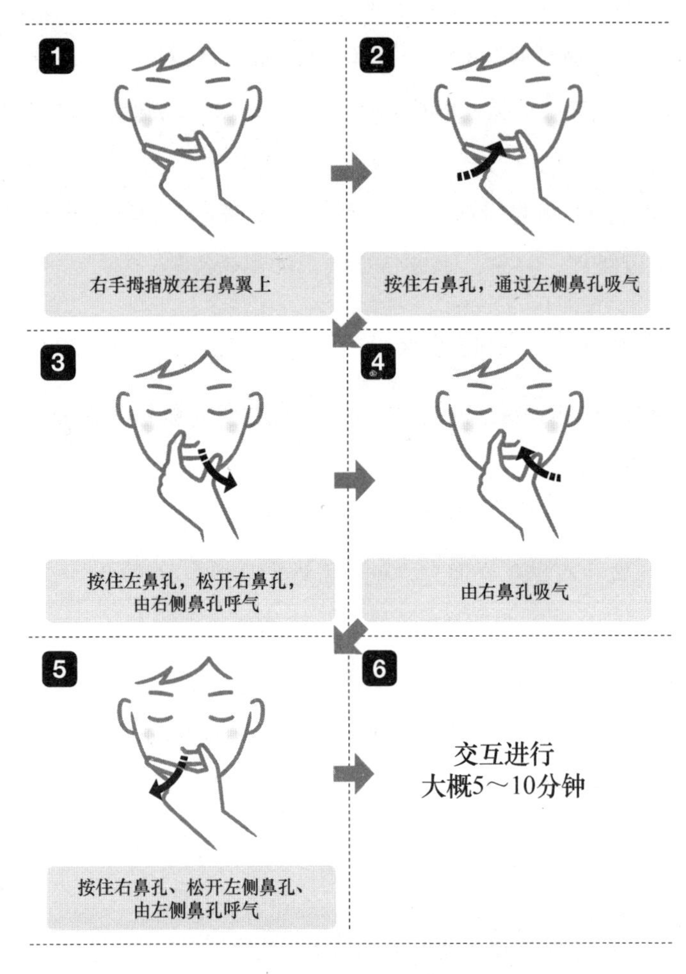

图 6　单侧鼻孔呼吸法

100 年历史力证的“自律神经训练法”

自律神经训练法，是 20 世纪 20 年代德国的神经科医生舒尔茨基于对催眠状态的科学分析考量，所提出的所有人都可以自主练习的、系统化的自我催眠法、放松技法。这套方法后来总结成书并出版，被证实对缓和压力、自律神经失调症、心身疾病、神经疾病、恐惧症等有效。

自律神经训练法至今已有百年的历史，并且有诸多研究、论文力证其效果。具体来讲，通过坚持自律神经训练法，可以产生减少不安、稳定情绪等心理上的变化，以及心跳速度降低、皮肤温度上升、肌肉放松等生理上的变化，提高身体自然治愈的能力。

自律神经训练法就是“自我控制”的训练法。此方法可以控制自己的身体感觉，所以特别推荐给“不能控制紧张情绪”的人。

自律神经训练法的具体方法

最常见的自律神经训练法，由背景公式与第 1 公式至第 6 公式，共 7 个公式组成（见表 3）。最开始我们可以先训练至第 2 公式，习惯之后再慢慢挑战第 3 公式之后的方法。

表 3　自律神经训练法“标准练习”的公式

练习阶段与名称	公式的内容
背景公式（安静练习）	情绪安定
第 1 公式（重感练习）	手臂（腿）变沉
第 2 公式（温感练习）	手臂（腿）变暖
第 3 公式（心脏调整练习）	心脏静静地跳动
第 4 公式（呼吸调整练习）	轻松地呼吸（轻松的气息）
第 5 公式（腹部温感练习）	腹部温暖
第 6 公式（额头部凉感练习）	额头舒服凉快

首先，在安静舒心的场所，穿着舒服宽松的衣服，坐在椅子或沙发上。然后伸展双脚、双臂，仰卧放松躺平，舒缓身心。

第 1 公式，感知手脚的“沉重感”，第 2 公式，感知手脚的“温暖感”。

在第 1 公式，首先我们要在心中数次默念“我的右臂越来越重”，之后会渐渐感受到右臂的重量。在感受到右臂变重之后，接下来心中默念“我的左臂越来越重”。按此顺序依次练习：“我的右臂越来越重”“我的左臂越来越重”“我的右腿越来越重”“我的左腿越来越重”“我的双臂越来越重”“我的双腿越来越重”“我的双臂和双腿均越来越重”。

最后做放松动作。所谓放松动作，是指使身心从练习获得的放松状态中，重新回归到日常生活的畅快状态的简单运动，按照顺序依次进行：“两手的开合运动”“两肘的屈伸”“全身伸展”“闭眼”的运动。

与一次性长时间练习相比，每天分数次进行训练的效果更佳。在逐渐适应之后，无论是在吵闹的场所还是不能静下心来的场所都可以进行。

自律神经训练法的放松效果、减轻不安的效果会在 1～2 周的时间内呈现出来，不过要真正掌握这种方法，至少需要 2～3 个月的时间，坚持是非常重要的。

如果想要了解更多关于自律神经训练法的内容，可以在网上搜索，有很多相关网页对此进行了介绍说明，相信会对大家起到参考的作用。

睡眠训练

自律神经与睡眠之间密不可分的关联

入睡困难、无法深度睡眠等睡眠障碍是自律神经失调症的表现之一。这是因为要进入深度睡眠状态，必须要从“白天的神经”交感神经切换至“晚上的神经”副交感神经。自律神经紊乱者不能顺利完成交感神经到副交感神经之间的切换，所以出现睡眠障碍也是理所当然。

另外，前文中也有提到，睡眠不足会导致交感神经占主导，“容易过度紧张者，首先应该保证 7 个小时以上的睡眠时间”。

睡眠不足会导致自律神经紊乱，自律神经紊乱又会导致睡眠障碍。自律神经的紊乱与睡眠不足既互为因，又互为果。恰如自行车的两个车轮一样密切关联共同转动。因此，睡眠不足引起自律神经紊乱，自律神经紊乱又会导致晚上很难入睡，形成一个恶性循环。

如何才能打破这一恶性循环呢？

答案就是“深度睡眠”。话虽如此，可是自律神经紊乱者本来就很难进入深度睡眠，所以更需要努力进入熟睡状态，进行相关的训练。为了进入深度睡眠状态所做的训练，我们在此称之为“睡眠训练”。

由交感神经到副交感神经的切换，打开了“睡眠”的开关。我们也可以称调整自律神经的睡眠训练为“快速入眠训练”。

换句话说，通过努力实现“快速入眠”，进行相关的训练，可以调节自律神经进入正常的状态。因为自律神经运转正常的标志（结果）之一，即是快速入睡，深度睡眠。

所谓快速入眠需要在多少分钟以内入眠呢

我们常说“入眠快”“入眠困难”，可是判断入眠快慢的基准是什么呢？

表示从钻进被子到进入睡眠的时间，有一个专有名词，叫“入眠潜伏期”。一般来讲，“入眠潜伏期”在 10 分钟以内，代表“入眠快”，而在 30 分钟以上的，则代表“入眠困难”。“入眠潜伏期”在 10 分钟以内是健康的睡眠状态，而超过 30 分钟的，则有“入眠障碍”（以入眠困难为主要症状的睡眠障碍）的可能性。有研究表明，“入眠潜伏期”在 8 分钟以内的人，占总人数的大概 30%。这个比例比我们想象中要高。

你的入眠潜伏期大概是多少分钟呢？如果不太清楚的话，建议使用智能手机的“睡眠 App”（Sleep Meister、Sleep Cycle 等），可以测出准确的时间。“入眠潜伏期”超过 30 分钟的人，必须进行以下的“睡眠练习”。首先，目标是实现 30 分钟以内入睡。完成这一目标后再努力实现 10 分钟以内入睡，这就达到了“健康的睡眠”状态。

睡眠训练的真面目

睡眠训练这一方法，听起来好像很难完成的样子，实际上你要做的仅仅是“睡前2个小时轻松地度过”，仅此而已。

通过睡前2个小时的放松，交感神经会自然而然切换至副交感神经，水到渠成地进入深度睡眠状态。入睡前2个小时，可谓“放松的黄金时间”，是一天中最应该放松的时间段。如果可以更好地运用这“放松的黄金时间”，进入深度睡眠，便可以完全彻底地消除一天的疲劳和压力，第二天得以精神饱满、火力全开去工作。

睡前2个小时不能放松的话，疲劳和压力便不能消除，进而不断累积。这样的状态持续下去的话，可能某一天会突然出现抑郁一类的精神疾患，甚至出现脑中风那样的身体疾患。

睡眠训练，具体来讲是睡前2小时避免进行以下9项活动。

1　就餐

2　饮酒

3　剧烈运动

4　泡热水澡

5　视觉系娱乐（打游戏、看电影）

6　光线刺激（手机、电脑、电视）

7　在明亮的场所（有荧光灯的工作单位、便利店等）

8　摄取咖啡因（咖啡、红茶、乌龙茶）

9　吸烟

现如今很多人会在睡前2小时进行其中半数以上的活动，所以相对应的，我们推荐在睡前2小时可以：

1　悠闲地度过

2　泡个温水澡、足浴

3　进行拉伸等简单的运动

4　与家人交流

5　听放松的音乐

6　读书

7　与宠物玩耍

我们所要做的，就是悠闲、懒散地度过这 2 个小时。

下班回家，很多人有太多的事情要做。睡前 2 小时，就像宠物鼠一样不停地动着，导致在交感神经占主导的状态下钻进被窝，身心也都处于白天的状态。又因为没有好睡眠，导致不能消除疲劳。

如果实在不能实现 2 个小时的放松，那么至少每天睡前也要保证 1 个小时的放松时间。

呼吸训练法以及自律神经训练法都可以促进睡前的放松，在此特别推荐给大家。

交感神经主导“活动”，副交感神经主导“放松”。一整天一直处于活动状态的人，其交感神经过度运转，自律神经的平衡很容易被打破。有意识地创造放松时间，实现身心的张弛平衡，既是平衡自律神经的基础，也是控制紧张感和情感的基础。

注意不要放松过度

本章所介绍的“副交感神经切换术”，是非常强力有效的方法。即使是计速器数值处于 90～100 的过度紧张状态，通过综合运用其中的 2、3 个方法，也可以产生强有力的制动效果，调整到50～60的适度紧张的状态。

有一点需要特别注意，如果我们完全彻底地实施“副交感神经切换术”，则会陷入“过于放松”的状态中。

如果用计速器来表示，就是10～20的慢悠悠的状态，即陷入“情绪高涨不起来”的状态。

在此再重复介绍一下过度放松的征兆。

具体表现为：积极性差、没有心情、注意力涣散、意志消沉、敷衍了事、犯困等。

如果我们在考试过程中犯困，那么毫无疑问不能发挥出最佳水准。

你所追求的应该是“紧张”与“放松”恰到好处混合在一起的“适度紧张”的状态。由于如果陷入“完全处于平常心状态”“极度放松的状态”，肯定会导致发挥水准的下降，所以一定要注意不要过度使用“副交感神经切换术”。

可以先在头脑中想象一个“紧张的计速器”，自己观测“目前，我大概的车速是多少？”然后慢慢地、灵活地控制自己，保持在50～60的“适度紧张”的状态。

第 3 章

与紧张为友的第 2 战略
激活血清素

带来“安定”与“平常心”的血清素

血清素是一种大脑内物质，它不仅可以控制紧张感，对于维持健康的生活也是不可或缺的。

血清素，用一个词来形容，就是“治愈性物质”。掌管着“镇定”“平常心”“内心的安定”“共情”等。

单单这样列举出血清素的作用，大家应该很难对它产生一个清晰明确的认识，所以我会通过一些实例来说明。

血清素正常分泌的话，是什么样的状态呢？相反的，如果血清素不能正常分泌，又会是什么样的状态呢？如果能够对这两方面有一个明确的认知，就可以自己判断自己现在的状态，以及血清素分泌是否充足。

坐禅的僧侣

处于血清素分泌旺盛状态的标准之一，就是像禅宗的僧侣坐禅冥想时一样，处于内心平稳、安定、镇静的平常心的状态。态度温和，内心充裕，丝毫不会焦躁不安以及发怒。内心的安定感与心灵的柔软并存，可以很大程度地实现和他人的共情。这样的内心是非常稳定的状态，也是血清素分泌旺盛的状态。

早晨的森林浴

我们再来一起想象一种场景。清早起床，你在森林中散步。碧空如洗，空气澄澈。这时你的心情想必一定是“真是神清气爽”“啊，心情太好了”“清爽”“治愈”等。其实，这样的状态就是血清素正在分泌的状态。

这种“神清气爽”“心情很好”，便是幸福感。而这种幸福感，又和那种想要大喊“我成功了！”“太棒了！”的，由多巴胺带来的幸福感有所不同，是一种内心安稳的好心情的状态。恰如“治愈”“安定”这样静静的幸福感，才是血清素所带来的。

抑郁症（血清素不足）

当血清素分泌充足时，内心会被安定的、治愈的情绪所填满。如果不是处于这样的状态，说明体内的血清素分泌不足。血清素分泌不足时，具体是处于什么样的状态呢？

血清素分泌不足，早晨起床会很困难，还表现出烦躁、易怒、情绪不稳定、无法深度睡眠、共情能力差、不能换个角度看问题等症状。如果中了其中几条，那就一定要注意了，有必要踏实稳妥地进行下面的血清素训练。

另外要知道，血清素极其低下的状态，就是我们所说的“抑郁症”。血清素分泌水平极其低，脑内的血清素枯竭，无论如何也很难恢复到原来的状态，这就是“抑郁症”。刚才所提到的各种症状，比如早起困难、睡眠浅、容易烦躁、情绪不稳定等，也都是“抑郁症”的症状表现。

血清素，脑内物质的调节官

血清素除了是一种“治愈性物质”，还有另外一种重要的作用，那就是**调节其他脑内物质**。当其他脑内物质分泌过多时，血清素会起到刹车的作用，朝着减少分泌的方向进行调节。而相反的，当其他脑内物质分泌过少时，血清素会起到加速的功能，朝着增加分泌的方向调节。增增减减，调节到刚刚好。“脑内物质的调节官”，正是血清素的重要角色。

紧张的本质，就是去甲肾上腺素。当去甲肾上腺素分泌过剩，会导致过度紧张。因此，减少去甲肾上腺素的分泌，就不会过度紧张。这就是根本的“紧张”的解决之道。

血清素可以将去甲肾上腺素调整到刚刚好的状态。也就是说，**只要通过血清素创造出最佳的运转状态，就可以自由控制过度紧张的情绪**。

通过血清素训练，可以从根本上解决“过度紧张”这一难题，这听起来真是不可思议。

“过度紧张”可以得到改善

在被称为极度恐惧症的 SAD（社交焦虑障碍）的治疗中，SSRI（血清素再摄取抑制剂）很有效。SSRI 是可以提升血清素水平的药物。也就是说，极度恐惧症的发病原因，很有可能与血清素机能的不健全相关。

不仅是 SAD，容易过度紧张的人、容易恐惧者，其血清素功能都有可能变弱。**过度疲劳、压力、不规律的生活，都会导致血清素神经变弱，这样就会导致无法控制情绪和紧张**。

你是否有过在工作繁忙、加班多、工作多得忙不过来时，变得容易发火、容易愤怒或者夫妻吵架增多的经历呢？

除了控制紧张感，血清素还与情绪的控制有着密不可分的联系。容易发火的人、不擅长控制情绪的人，很有可能是血清素神经弱，血清素的分泌少。

在这样的情况下，我们可以通过激活血清素神经，实现血清素的分泌正常化，提升对情绪和紧张的控制能力。

也许你认为“我很容易紧张”，并且觉得“可能这样的性格一辈子都改变不了”，但这种认识是不对的。不管多么容易紧张，通过训练血清素神经，一定能够更好地控制紧张感。通过自身的能力，即可以提升对紧张的控制能力。这也是解决“过度紧张”的根本之道。从脑科学的角度来看，这也是正解。

血清素激活法1　沐浴朝阳

激活血清素最简单的方法，就是沐浴朝阳。

早上，通过沐浴2,500勒的阳光5分钟，即可激活血清素神经。从视网膜进入的光线刺激，会传达至脑干的“中缝核”，发出指令：“请开始合成血清素！”。

血清素的合成，从早上起床后开始，在上午达到顶峰，到了下午开始降低，而到了晚上则基本不会再合成。这是最正常的血清素合成的节奏规律。开始合成的信号，就是早上的“太阳光”。

2,500勒，到底是什么样的明亮程度呢？（见表4）晴天清晨的日出，正好就是2,500勒。阴天时室外的照度是30,000勒。

即使雨天也有 15,000 勒。而晴天时的直射光线，有 100,000 勒。

表 4 照度与明度

照度（勒）	明度
100,000	晴天（室外）
30,000	阴天（室外）
15,000	雨天（室外）
2,500	晴天（日出后） 晴天（窗边 1 米）
1,000	弹子球店
500	荧光灯照明的工作单位

（随着周围情况变化会有所不同，表中数据仅供参考）

也就是说，无论是清晨，还是阴天、雨天，只要外出沐浴太阳光，就启动了血清素合成的开关。

另外，即使是室内，晴天时的窗边 1 米左右的位置，也有 2,500 勒的照度。如有朝东的、有朝阳照进的房间，即使在室内也可以启动血清素的开关。

原始人伴随着朝阳，睁开眼睛苏醒过来，开启分泌血清素的开关并开始新一天的活动。也正因为如此，朝阳的照度恰好是开启血清素开关的照度。人类的身体，有非常合理的构造。

尽管在光线充足的室内，也可以开启血清素的开关，但我还是建议血清素分泌不足的人、在抑郁症治疗中的人，外出散步。**激活血清素最有效的方法就是“清晨的散步”。**

早起困难者，打开窗帘睡觉吧

谈论到清晨散步，会有很多人“早起困难”“早上怎么也起不来”“即使勉强起床了心情也不好，大脑呆滞”。这恰恰是“血清素神经”很疲惫的证明。

对于这样的人，我们建议“打开窗帘睡觉”。早起困难与早上睁开眼睛醒来时，脑内完全没有合成血清素有关。

如果我们打开窗帘睡觉，房间中自然而然会有晨光照射进来，虽然此时血清素的分泌说不上充足，但是也开始了“急速”合成。在闹钟响起，必须起床之前，在一定程度上激活了血清素，可以使我们心情愉悦地起床。

血清素在上午合成

一般来讲，血清素都是只在上午合成。清晨，伴随着朝阳升起开始合成，而到下午晚些时候，基本不会再合成。从傍晚到日落时分，血清素的合成原料褪黑激素开始分泌。褪黑激素是促进睡眠的物质，褪黑激素的增多会让人们产生“睡意”。

因此，上夜班的人早上回家、上午睡觉，需要特别注意。这类人的血清素难以合成，容易或者已经陷入血清素不足的状态中。

我们需要在休息日的上午也去散步，并结合运用以下介绍的“节奏运动”“咀嚼”等，努力激活血清素。

宅在家里不出门、拒绝上学的孩子，一般会熬夜打游戏、玩手机，上午一直睡觉。孩子本人会说：“身体不舒服所以上午想睡会儿。”但由于上午睡觉不能合成血清素，而血清素又与“意愿”相关联，又会导致孩子不想去学校。

“上午睡觉”这件事本身，就是孩子宅在家里不出门，拒绝上学的原因。

那么，如何解决这一问题呢？答案就是“早起”。

哪怕不需要去学校，也请养成早上 7 点起床的习惯。这样下去，上午就能够合成血清素，孩子慢慢地就会涌现出“想去学校”的意愿。

可以说只要上午一直睡觉，孩子宅在家里不出门、拒绝上学的问题就无法解决。而只要养成“早起”的习惯，这一问题就能得以解决。

总之，上午是合成血清素的时间。沐浴太阳光、进行下面所说的“节奏运动”等，如果不是在上午进行效果则会很有限。

血清素激活法 2　节奏运动

激活血清素的第 2 种方法，是“节奏运动”。

所谓节奏运动，是指散步、慢跑、骑自行车、游泳、跳舞、广播体操等。随着“1、2、1、2”的吆喝声所进行的运动，都是节奏运动。

高尔夫的挥杆、棒球的挥棒等，都是节奏运动。另外，念经（读经书）、唱卡拉 OK 等也都具有节奏运动的效果。

节奏运动的代表，就是散步和慢跑。户外散步，可以说是最简单，同时又是效果最好的激活血清素的节奏运动。

要激活血清素，**所进行节奏运动的必要时间，最短也应该确**

保在 5 分钟以上。如果可以的话，推荐 15 分钟到 30 分钟。但是，如果运动超过 30 分钟，就容易疲惫。与其说是身体疲劳，更准确地说是血清素神经疲劳。为此，激活血清素的节奏运动，30 分钟足够了。

我们在进行激活血清素的运动时，不要左思右想，应集中于节奏上，禁止一心二用。

运动时如果听有节奏的音乐就更好了，但如果是边听英语会话边运动，就失去了激活血清素的功效。“血清素神经就像节拍器一样雕刻节奏”，节奏与激活血清素神经密切相关。

不左思右想，一门心思地散步。什么都不想，只是关注走路，可以最大限度地发挥节奏运动的效果。

血清素激活法 3　吃早餐

如今市面上的很多健康类相关书籍中有“不吃早餐更好”“每日一餐对健康有益”“控制糖分摄入节食法”等观点。

我也做了很多调查，尝试了各种各样的用餐方法、减肥方法，但是却搞不清哪种才是最好的。然而我作为精神科医生，作为脑科学的专家认为，想要激活大脑，使我们更有效率地工作，“吃早餐是必需的”。尤其从“血清素”的角度来看，早餐也是十分重要的。

原因在于，要激活血清素，咀嚼是非常重要的，因为嚼东西本身就是一种节奏运动。**只要能够花 15 分钟的时间吃早饭，就**

可以激活血清素。

因此，坚持早起、吃早餐的人，其血清素会处于被激活的状态。

做到吃早餐，但是食物不需要咀嚼也是不行的。比如，牛奶泡燕麦、柔软的面包、茶泡饭等。当你的孩子说“早上没有时间了”，用 1 分钟的时间狼吞虎咽，然后说“我走了！”，这样的早餐完全没有咀嚼，根本无法激活血清素。

那么，我们应该吃什么来激活血清素呢？答案就是传统的一汤一菜。米饭、味增汤，再加上一种别的食物。因为如果不好好咀嚼，就无法咽下米饭，吃米饭的话必然会养成“咀嚼”的习惯。另外，因为食物分别在不同的餐盘，这样换着样吃，也会自然而然地消耗一些时间。

早餐食用米饭，可以激活血清素。

血清素激活法 4　摄取色氨酸

要激活血清素，选择吃哪些食物，是非常重要的。

这是因为，如果没有色氨酸这种氨基酸，就无法合成血清素。人体摄取一定含量的色氨酸很重要。**色氨酸是必需的氨基酸，无法由其他的氨基酸转化而来**，所以我们有必要通过食物摄入色氨酸。

什么时候是摄入色氨酸的最佳时机呢？

有研究人员让小白鼠摄入色氨酸，测量摄入后小白鼠血液中与脑内的色氨酸含量。结果显示，摄取 30 分钟后，血液中与脑内的色氨酸浓度都发生了非偶然性的上升。另外，由色氨酸产生的血清素含量也在 30 分钟后出现了升高，而且持续到 1 个小时之后。

色氨酸摄入后会迅速被吸收，立即作为血清素的原料被利用起来。所以摄入色氨酸的最佳时机，应该是“清晨”。

富含色氨酸的食物，主要有谷物（米、玄米）、乳制品（奶酪、酸奶）、豆类（豆腐、纳豆）、蛋黄、坚果（榛仁）等。

色氨酸存在于各种各样的食材中，只要不是极度的偏食或者绝食，正常吃饭就不会缺乏。不过，重要的一点是色氨酸的特性——“很难转移到大脑”。

牛肉、猪肉、鸡肉等肉类中富含大量的色氨酸，但是，动物性蛋白质中的色氨酸会难以向大脑转移。正因为如此，我们推荐从植物性蛋白质中摄取色氨酸。

除此之外，色氨酸向脑内的转移，需要“糖类”。**所以我们需要同时摄取糖类和色氨酸，大脑就会更好地吸收色氨酸**。因此如果进行严格的糖类控制，即使体内本身并不缺乏色氨酸，大脑内的色氨酸却有可能缺乏。

除此之外，合成血清素，维生素 B6 不可或缺。如果缺乏维生素 B6，即使有大量的色氨酸这种原材料，“工厂”也是处于无法启动的状态。

维生素 B6 富含于猪肉、玄米、豆乳、纳豆、香蕉、青鱼等食物中。

有一种食物，同时含有色氨酸、糖类、维生素 B6，那就是香蕉。“香蕉早餐节食法”曾经十分流行，**从血清素合成的角度来看，最推荐的食物就是香蕉。**

此外，我们还推荐纳豆饭、鸡蛋盖饭加上有豆腐的味增汤。这样也可以同时均衡地摄入色氨酸、糖类、维生素 B6。传统的日本料理，可以激活色氨酸。

不要服用色氨酸营养品

每当我提到色氨酸与饮食的话题，总会有人问我：“服用色氨酸营养品怎么样呢？”从结论来说，请不要服用色氨酸营养品。

色氨酸，如果不是和糖类、维生素 B6 一起摄入就没有意义，所以应该从食物中摄入。

另外，服用色氨酸营养品，有时会产生血清素综合征这种严重的副作用。如果是服用 SSRI 这类抑郁症类药物的人，出现血清素综合征的概率就更高。

有几项研究均表明，色氨酸营养品对于抑郁症的治疗和预防都是没有效果的。

血清素激活法，主要是“沐浴朝阳”与“节奏运动”这两种，而饮食只是其次。即使每天吃香蕉，若每天睡到下午才起床，不能沐浴朝阳，没有养成节奏运动的好习惯，也无法激活血清素。

血清素激活法5　坚持3个月

以上我们介绍了4种血清素激活法，不过遗憾的是，这些方法只坚持2、3天的话，根本不能获得显著的效果。重要的是坚持下去。如果现在的你血清素神经有些衰弱，那么，你至少需要经过“3个月”的血清素训练才能恢复正常。这是因为，血清素是大脑内各种物质的调节官，比如，去甲肾上腺素、多巴胺、内啡呔等。去甲肾上腺素分泌过多时，血清素会将其向减少的方向进行调节。相反的，如果去甲肾上腺素分泌不足时，则会朝着增加的方向进行调节。另外特别有趣的是，血清素自身还会控制自身的分泌情况，通过“血清素自体受体”，调整血清素的分泌处于“安定”的范围内。

如果你能每天认真践行之前介绍的“血清素激活法”，血清素神经便会被不断激活赋能。在面对如此急剧的变化时，血清素自体受体也会做出判断：“现在过于活跃，和以往不一样啊”，并发挥“抑制”的功能，避免过度激活。

只要我们不放弃，坚持下去，不断践行“血清素激活法”，血清素自体受体就会减少，我们便得以摆脱由血清素自体受体所产生的“抑制”。血清素被充分地激活赋能，会让我们的情绪稳定，哪怕清晨也会被爽快的心情所环绕。

血清素自体受体开始减少，需要3个月的时间。也就是说，血清素训练需要我们踏踏实实地坚持下去，最短也需要坚

持 3 个月。

这与抑郁症患者接受抗抑郁药物治疗时，药物见效也需要大约 3 个月的时间，是同样的道理。血清素自体受体的数量和机能出现变化大概需要 3 个月的时间，在这期间，需要我们不放弃、扎实地接受治疗。

3 个月的时间听起来很长，但我们要做的仅仅是清晨早起，沐浴太阳光，再加上一点散步，好好吃早饭。仅仅通过如此，血清素就可以充分地被激活。

这一习惯不仅能够增强对于紧张感和情感的控制力，还有益于心理健康，是一个非常好的习惯，我强烈推荐大家养成每天这样的好习惯。

血清素激活法 6　口香糖

也许有人会说，“连续坚持 3 个月太难了”“我早上真的起不来，有没有更加便捷的激活血清素的方法呢？”对于这类人，我的推荐是“口香糖”。

嚼口香糖时会用到下颚的肌肉，**仅仅通过嚼口香糖这种咀嚼运动就可以激活血清素。**

美国职业棒球大联盟中，经常会有选手在赛前嚼着口香糖，其实他们就是在充分应用“嚼口香糖”会产生放松效果的原理。可以说这是一种将“过度紧张”调试到“适度紧张”，进入“舒适区域”的方法。

通过嚼口香糖激活血清素，要取得效果至少需要 5 分钟。有研究表明，嚼 20 分钟口香糖，血液中的血清素水平会提高 10%，而嚼 30 分钟口香糖会提高 15%。因此，嚼口香糖 20 分钟以上，就可以获得显著的效果。

血清素激活法 7　端正姿势

有没有更简单、见效更快的激活血清素的方法呢？

有读者会有上面这样贪心的想法。实际上，的确是有更好的办法。

1 秒钟就可以生效，非常简单，那就是端正姿势、伸直腰背。在讲演中，容易紧张语无伦次的人有一个共同点：一般都是体态前倾的。很少有像模特一样挺胸抬头、伸直腰背的人会语无伦次。另外我们可以发现，坐禅的僧侣中也没有驼背的人，大都姿势笔挺。

血清素与“姿势”相关甚密。在前文“笑容”的章节处我们有介绍过血清素控制着表情肌，实际上除了表情肌，血清素还控制着“抗重力肌”。

血清素水平低下后，会失去对抗重力肌的控制，使人变得弯腰驼背，体态姿势变差。相反的，通过伸直腰背可以激活血清素。

至今为止，在我看诊过的几百位抑郁症患者中，绝大部分的人都是向前弯着身子，体态很差。挺胸抬头、姿态笔挺地进入诊室的抑郁症患者，我一个都没有见过。

抑郁症是血清素明显低下的状态。由血清素控制的抗重力肌变弱，体态姿势变差。人们会容易变得向前弯着身子，弯腰驼背。

“笑容”与血清素的关系是，做出笑脸可以激活血清素，同样的，通过端正体态姿势，也可以激活血清素。

端正姿势，演讲更顺利

奥克兰大学的布莱德邦特博士进行了一项研究，发现被诊断为轻度到中度抑郁的 61 名被试，全体都有“弓着背的倾向”。将这 61 名被试分为两组，分别是“伸直后背笔挺地坐着”组和“正常坐着”组。让他们在这样的压力下进行 5 分钟的演讲。

结果表明，伸直后背笔挺地坐着的被试和正常坐着的一组比起来，精神头、干劲儿、注意力都增强了，恐惧减少了，自尊心增强了。同时，演讲时更擅长推荐自己，话语增加，第一人称（我）减少，也更有精力了。

另外研究人员还发现，无论是在哪一组，越是肩部放松、不驼背的人，其消极情绪和不安程度就越低。

仅仅通过端正姿势，不安和恐惧就能减少，可以更好地完成演讲。“端正姿势”的效果可以说是立竿见影的。

在公共场合讲话时容易紧张的人，请一定注意讲话时要有意识地伸直后背。无论如何，请先保持像模特一样抬头挺胸、笔挺的姿势，有意识地做出正确的姿势。这种感觉就像是头顶上吊着一根绳子，被这根绳子向上拉着一样。

仅仅通过端正体态姿势，就不会过度紧张。与不注意体态姿势时相比，端正体态姿势毫无疑问可以更加沉着冷静地讲话。

姿势不对则无法进行深呼吸

单是端正体态就可以激活血清素。同时，保持端正的姿势昂首挺胸，面部和身体朝着正面讲话，自然而然地开始腹式呼吸。在驼背的体态下，呼吸自然就会变浅，不能充分地吸入气息。

请尝试一下，在身体前倾的状态下，是否可以进行横膈膜上下活动的深呼吸、腹式呼吸呢？实际上是不可能的，肯定无法实现。

也就是说，通过端正体态姿势，就可以激活血清素，自然而然地开始缓解紧张的深呼吸（腹式呼吸）。是一种一石二鸟的紧张控制法。

我也属于体态姿势不好的人，所以会一直注意自己的体态姿势。端正体态姿势后，可以环视整个会场。与目光向下看的驼背的姿势比起来，正确的体态姿势下，视线投向前方，视野会更加开阔。精神上也更加安定，可以观察整个会场、每一位参会者的表情。

在开始考试前坐着的状态下也是同样的情况。考试开始前 1 分钟是最紧张的时候，这时请有意识地端正体态、伸直后背。不可思议的是，紧张感真的会被控制住。虽然考试开始后，无论如何身体都会向前倾，但在考试开始前有意识地保持“后背笔挺”，紧张感也会得到有效缓解。

体态姿势不好、特别容易紧张的人，不仅仅是在演讲的场合，请在日常就有意识地伸直后背、端正体态，这与血清素的控制也密切相关。可以说如果可以控制好自己的体态，就可以控制好自己的情绪和紧张感。

第 4 章

与紧张为友的第 3 战略
控制去甲肾上腺素

何为去甲肾上腺素

与紧张为友的战略，前文中已经介绍过“副交感神经占主导”和“激活血清素”，接下来我们来介绍“第 3 战略”，那就是“控制去甲肾上腺素”。

在紧张时我们的脑内会分泌去甲肾上腺素。因此，通过降低去甲肾上腺素水平就可以缓解紧张感。去甲肾上腺素这种脑内物质可以说就是“紧张本身”。那么，去甲肾上腺素到底因何存在呢？

简单来说，去甲肾上腺素就是“原始人遇到猛兽时出现的脑内物质”。原始人遇到猛兽时怎么办呢？

战斗？抑或是逃跑？能够采取的行动，只有这二者中的一个。

如果愣在那里，就肯定会被杀掉。所以，遇到这样的紧急事态时，要在一瞬间判断是战斗还是逃跑。如果选择战斗，那就立刻拿起武器攻击对方；如果选择逃跑，就要一溜烟地逃跑。总之为了生存下去，一定要快速做出判断，采取行动。置于如此绝境之中，可以在一瞬间做出正确判断的脑内物质，就是去甲肾上腺素。

去甲肾上腺素用英语讲也就是“fight or flight”的物质，是可以在生死关头拯救我们、回避危机的紧急物质。

去甲肾上腺素是“最佳友人”

去甲肾上腺素分泌后，大脑清醒敏锐，集中力和判断力都会提升。也就是说，可以在一瞬间做出正确的判断，就是去甲肾上腺素的特征。

此外，记忆力提高，学习能力也会随之增强。原因在于，与猛兽遭遇后，如果不牢牢记住是在什么场所、什么场景下遭遇猛兽的，以后也有可能遇到同样的不幸。去甲肾上腺素分泌后，人的记忆力也会变得更好。

另外，去甲肾上腺素还有增强以肌肉为代表的身体机能的作用。无论是一溜烟地逃跑，还是选择战斗，肌肉和心肺机能都会增强，帮助身体朝着有利的方向发生变化。

人在紧张时，会分泌去甲肾上腺素。去甲肾上腺素的分泌等同于“紧张”，“紧张”绝非我们的敌人。**“紧张”是“生存”必不可少的，是一种发挥最佳水准的准备状态，促使其实现的物质即为去甲肾上腺素**。

集中力、判断力增强，记忆力、学习能力提高，身体机能提升，脑功能达到顶峰，它能让我们的身体和大脑发挥出最佳水准。因此，“紧张”也好，“去甲肾上腺素”也好，对我们来说都是“最佳友人”。

可以一天内完成暑假作业的神奇的脑内物质

暑期作业一直拖到假期的最后一天才去做，恐怕谁都有过这样的经历吧。如何做到可以在短短的一天内完成呢？答案就是去甲肾上腺素的分泌。

当我们陷入一筹莫展的绝境中时，距离规定的截止时间不远时，被逼得走投无路时……去甲肾上腺素便会开始分泌。

“背水一战”“狗急跳墙”……有很多的故事和谚语讲的就是人们被逼到穷途末路时会发挥出远比平时更佳的水准，这其实说的就是去甲肾上腺素的作用。

用一句话来说，去甲肾上腺素这种物质，就是可以让我们成为超人的物质。去甲肾上腺素分泌后，我们的发挥会更佳。这是毋庸置疑的。

肾上腺素与去甲肾上腺素有何不同

想必除了去甲肾上腺素，你还听说过“肾上腺素”这种物质。都说在非常兴奋时，人体会分泌肾上腺素。肾上腺素与去甲肾上腺素这两个名字十分相似的物质，到底有什么不同呢？

简单来说，肾上腺素与去甲肾上腺素均被称为“斗争还是逃跑”的物质，是在遭遇猛兽时，对斗争或者逃跑提供支持的物质。两者均由酪氨酸产生而来，构造也十分相似。共通的功用也有很多，比如，提升集中力、增强记忆力、加快心跳速度、增强肌肉力量等。

两者最大的不同在于受体的分布不同。去甲肾上腺素的受体大部分分布在脑内，而肾上腺素的受体分布于心脏和肌肉等全身。

也就是说，当直面危险时，在大脑内发挥效用，提升集中力，促成在一瞬间做出正确判断的物质是去甲肾上腺素。而在直面危险时，提高心肺机能，向全身输送血液，增强肌肉力量，提高身体机能的是肾上腺素。

其实可以这样理解，主要对大脑起作用的是去甲肾上腺素，而作用于全身的则是肾上腺素。

肾上腺素与去甲肾上腺素在人们感到紧张、不安时，几乎同时分泌。另外，在更进一步的、超过不安的恐惧状态，或者愤怒、极度兴奋的状态下，肾上腺素也会分泌很多。

恐惧导致腿脚瘫软的理由

想象一下原始人遭遇猛虎的场面，原始人注意到猛虎的瞬间，猛虎可能已经朝着这边飞奔过来了。原始人会全身被恐惧支配，腿脚瘫软起来。大脑一片空白，不知如何是好。

“啊，怎么办呢？我应该怎么办呢？”

当危险状态达到巅峰，真正地意识到“死”的瞬间时，人会感到强烈的“恐惧”，肌肉僵硬。

去甲肾上腺素分泌的增加，会由“紧张”发展为“不安”，然后再升级为“恐惧”。人在感受到“强烈的不安”和“恐惧”的状态下，又会促使身体大量分泌去甲肾上腺素和肾上腺素。

原本可以提高判断力、瞬间爆发力的去甲肾上腺素，如果大量分泌则会引起机能异常。比如，流入肌肉的血液增加过多，肌肉过于紧张，引起肌肉僵硬，腿脚瘫软。“大脑一片空白”也可以认为是去甲肾上腺素分泌过多的征兆。

适量的去甲肾上腺素（适度紧张）可以促使我们的大脑和身体更好地发挥机能，而过剩的去甲肾上腺素（过度紧张）却会起到负面作用。这时我们就需要减少去甲肾上腺素的分泌，使“过度紧张”转化为“适度紧张”。接下来介绍一下具体的方法。

脑的危险感知系统“杏仁核”

前文中提到了很多“去甲肾上腺素分泌”的事，其实去甲肾上腺素不会自己分泌出来。是否分泌去甲肾上腺素是由脑内的一个部位来决定的，那就是“杏仁核”。

“杏仁核”可以说是去甲肾上腺素的控制中心。

人们在遇事时，杏仁核会在一瞬间做出判断，判断“目前的状况”对于自己是否性命攸关，是安全还是危险，是愉悦还是不快等。

杏仁核对其做出判断的时间，据说是 2 毫秒，即千分之二秒。真的只是一瞬间。

例如，小孩子拿起什么食物放入口中，然后又突然吐了出来。

他意识到“这是最讨厌的胡萝卜”，其实是在吐出来之后了。是先在一瞬间意识到这对于自己来说是“不快”的，之后“言语信息”（理性）的部分才开始启动。

这样的反应，发生在我们日常接触的所有刺激、体验中，每一个瞬间都在发生。通过杏仁核的“危险感知系统”，我们可以守护自己的生命。

在交通路口有车辆朝自己的方向行驶过来。在发现“太危险了！”之前，我们的身体便已经在刹那间闪过危险。这样惊险的绝技，也是多亏了杏仁核的危险感知系统。

如果没有危险感知系统，可能我们被机动车撞到后才会意识到“太危险了！”在喝下去不明物后才意识到“不好，喝了奇怪的东西！”没有杏仁核的危险感知系统，我们就无法守护自身。

恐惧是先天的还是后天的

你正在森林中散步，刚要迈出一步时，发现脚边有一条蛇。在你大喊“啊！蛇！”之前，你已经停住要迈开的脚步，飞快地向后退了。

那么，到底为什么这样的反应可以自动产生呢？那是因为“蛇这种生物是十分危险的”这一预备信息，已经印刻在你的大脑中了。

在发现脚边有一只可爱的松鼠时，可能没有人会飞快地退后，并且喊叫“不好了，松鼠！”

恐惧，是根据什么来判定的呢？只要知道这一答案，对于恐惧的控制就可能成为现实。

比如看见蛇的一瞬间感到恐惧这一现象，如果是没有见过蛇的人，会有怎样的反应呢？是也感到恐惧，还是直接忽略掉呢？

有人真的做了相关的实验。这个人就是美国西北大学的苏珊·米涅卡博士。她的实验对象是在实验室培养长大的恒河猴，肯定是从来没有见过蛇的。她研究了给这些恒河猴看到蛇时，它们会做出什么样的反应。

结果是……它们竟然，完全不感到恐惧。

后来，她给同样的恒河猴看了一段录像，是关于“野生的恒河猴特别害怕蛇的样子”的视频。之后他又给恒河猴们看了蛇，结果竟然是它们开始害怕蛇了，呈现出恐惧的反应。这是看完视频 24 分钟后发生的。

也就是说，**恐惧是“后天的”。有研究表明恐惧是通过“学习”产生的**。紧张是比恐惧略轻的症状，可以说紧张也是通过“学习”产生的。反过来说，通过“学习”，也可以控制紧张和恐惧。

你感到过度紧张、恐惧，或者对抗紧张和恐惧，都是学习的结果，也就是说，是与过去的记忆数据库相对照并作出判断的结果。

紧张、不安、恐惧都是由过去的经验而来的

紧张的机制，是在遭遇危险的情景时，杏仁核变得兴奋，分

泌去甲肾上腺素。而意识到“很危险”这一过程，是在感到紧张、恐惧之后了。

在现代社会人们可能很少会遇到“不好了，要死了！”这样的情景。但是即使没有这种性命攸关的危险，也会遇到一些很大的失败或者遭遇不幸吧。杏仁核参照过去的经验判断出“危险等级很高”“失败的概率很高”，分泌去甲肾上腺素导致紧张，是在对我们发出警告。相反的，**参照过去的经验，杏仁核如果做出判断，“没有生命危险”“安全的”“成功的概率很高”“应该没事吧”“肯定不会失败吧”，就不会产生紧张**。这就是脑的机制。只要你是人类，就会遵从这一机制。

换一种表达，参照“过去的记忆”“经验的数据库”，现在即使处于过度紧张的状态，也可以作出判断，“其实没有什么的”“以前经历过几次同样的事情，并无碍于性命，所以没关系的”。

通过不断修正数据库的适应性，我们就无须事事恐惧，大脑会学习到这一点。这一过程可以被称为“数据库的改写”。

通过不断改写数据库，可以大大减少发出“危险信号”的频率。其结果是过度紧张的情绪得到缓解。

去甲肾上腺素控制术 1　彻底准备

越是容易过度紧张的人，越不预演，太不可思议了

很久之前我曾经在札幌医科大学精神科工作，当时是一名“助手”。“助手”的主要工作是指导马上开始工作的新人精神科

医生、研修医生、学生。在医生的行业里每年都会举办学发表会，对于工作第一年、第二年的新人医生来说，兼具学习的意味，故其每年都会在学会上发表演讲。我还负责指导新人医生的演讲。

在一个发表会上，我所负责指导的工作第一年的 A 医生，挺胸抬头地演讲，收获了巨大的成功。而另外一个医生指导的同样是工作第一年的 B 医生，却表现得十分没有自信，照着稿子念，而且还会念错。提问环节也是语无伦次，真是惨不忍睹的演讲。

“为什么表现这么不好呢？”我试着问了问 B 医生，“练习了几次读稿子呢？”B 医生说“一次都没有”。

我目瞪口呆。一次预演都没进行的话，当然不能顺畅地演讲。与其说是 B 医生的责任，倒不如说是工作太忙不能好好指导他的负责医生的责任……

而我所指导的 A 医生进行过 5 次的读稿练习，我在场的预演也进行了 2 次。当时的发表会，演讲时间为 8 分钟，回答问题 2 分钟，即使做了 5 次预演，练习时间也不过是 40 分钟而已。这并不费事，可是不知道为什么，**越是不擅长演讲的人，越是不进行预演**。

最少也要进行几次像正式场合时一样，一边用 PPT 演示、一边计时的预演。

预演是成功的基石

预演是十分重要的。这是因为预演的成功，可以改写脑内的数据库。将“马上要进行的演讲一定会成功”这一行文字添加到脑内数据库的最新一行，由此可以产生“自信”，抑制过度紧张。

一次都没有预演过，一次都没有读过原稿，就登上正式的舞台，肯定是没有自信的，过度紧张也是必然的。

在以成为讲师为目标的学习会“网络心理塾”，我指导了超过 1,000 位演讲者。在那里我也发现了这个倾向，就是“越是容易过度紧张的人，越不会进行预演”。

另外，我面向“紧张研讨会”的 100 名参加者（容易紧张者）进行的问卷调查也显示，“在正式讲演前，一定会进行正式预演”的人，仅占 15%。由此可见，不进行预演的人还是占绝大多数。

正常来想这一现象应该反过来才对。正因为容易紧张，所以要不断地读原稿，不断地进行预演，直到能够顺畅地完成演讲才对。不做这些准备的话，肯定会紧张的。

实际上，**如果练习 10 次以上，不管多么不擅长讲话的人，都能够顺畅地讲出来并且自信满满**。

“做了 10 次朗读原稿的练习”，这也会被写进大脑的数据库中。

如果“1 次原稿都没有通读过”，杏仁核肯定会发出“危险”的信号；而如果“做了 10 次朗读原稿的练习”，杏仁核就非常有可能发出“安全”的信号。

这样通过事前准备，可以简单地改写数据库中的数据。

越是容易紧张的人，越是要踏踏实实地准备。

你“准备”得正确吗

刚才提到的 B 医生，他也绝非没有准备或者偷懒，那么他都做了些什么呢？原来他一直在修改幻灯片的内容，而且直到演讲的前一天，马上就要正式演讲了，他还在进行幻灯片内容的修改。

公司的企划发表也是一样。可能有很多人认为所谓的准备，应该就是制作幻灯片、制作资料吧。**但用建筑来打比方的话，制作幻灯片、制作资料不过是“基础工作”。**

如何简单明了地解说幻灯片的内容呢？哪怕同样的内容，如何更加易懂地传达出去呢？另外，在实际解说时要强调哪里，要在哪里加入留白时间，激光笔又要指向哪里呢？

这样对于演讲的场景进行的“读法”和“动作”的构筑，才能称为真正的准备。

也因为如此，演讲用的资料、幻灯片，需要在正式演讲的两天前就完成。最后一整天都只用进行“读的练习”和“预演”。

“实际情景模拟”才能发现的一些问题

演讲者会进行模拟演讲，考生会进行模拟考试，应聘者在面试前会进行模拟面试，运动员在参赛前会参加练习比赛，话剧演员也会走场彩排……上面这些都相当于“现实情景模拟”。

预演最重要的就是“像正式情境一样”。

例如，进行企划发表的预演，一定要实际使用投影仪播放幻灯片，自己操作幻灯片的换页，使用激光笔，最好台下有几位观众，并且计时，就像正式演讲时一样。

一个人坐在桌子前，练习计时读底稿，这是必须要做的。如果不能严格计时，体验到有观众的“紧张感”，就不具备“适应正式演讲”的意义。

台下的观众，应该邀请自己的指导者、上司、前辈，或比自己更熟悉这一领域的人参加。因为不这样做的话，就无法得到适当的建议。好不容易进行了模拟演讲，却不能得到“需要改善之处”的指正，无法接收到反馈，也就得不到提高。

除此之外，“计时”也是十分重要的。演讲者一般情况下都容易超时，所以在模拟时，以测定的时间为基准，调整原稿的字数，争取能够在刚刚好的时间内完成。

备考生多参加几次模拟考试也是很重要的。因为如果没有参加过模拟考试，则有可能出现时间分配不利，导致没有做完题、涂错答题卡等致命性的错误。参加“模拟考试”时，就要做出“最后 1 分钟用来确认答题卡”的决定，并养成习惯，这样就不会发生忘记涂答题卡的错误。

有一些事只有在“实际情景模拟”后，才能发现。

完全不会后悔！“时光机器的准备术”

事前的练习，需要做几次呢？

从结论来说，应该练习直到觉得“自己已经努力到无能为力了”。因为无法再超越 100%了，所以只要从心底觉得“已经做了

100%的准备”了，就不会过度紧张。

我会自问：“如果能够乘坐时光机器回来，是否有未完成的准备呢？”我把这个称为“时光机器准备术”。

电影和电视剧中，经常会出现“乘坐时光机器回到过去，要重新度过人生”的剧情。那是因为当时没有尽全力，还留有“重来”的余地的缘故。但如果我们在当下拼尽全力，每时每刻都做最好的自己，发挥自己的最佳水准，那么即使乘坐时光机器回到过去，最多也是获得同样的结果。

有很多人在失败后会说：“如果当时，更加……就好了。”可是与其事后这么想，为什么不在事前好好准备呢?

我会做出万全的准备，这样“即使乘坐时光机器回到过去100 次，也都只是得到同样的结果”。如果能做到如此，也就完全没有“后悔”的想法了。

每时每刻全力以赴，就不存在“再努力一些就更好”了。即使出现不理想的结果，也会欣然接受那就是“自己的真正实力”。

实际上，做万全的准备是很难的，其实最重要的是“心态”。

“如果能够乘坐时光机器回来，是否有未完成的准备呢？”对于这个提问，如果我们能毫不犹豫地回答“我尽全力了”，那就会将“没有未完成的准备”这一结论写进大脑的数据库中。如果大脑中有“尽全力了”这一真切感受，就会产生强大的自信，进而抑制“过度紧张”现象的产生。

“乘坐时光机器回来，是否有未完成的准备呢？”这是一个非常好的问题，请务必记下来。

努力肯定会有回报

我想向你传达的是“准备和努力，一定会产生相应的好结果”。

细数我之前的人生经历，从未有过一次“明明做了很多努力，却得到了如此悲惨结果”的经历。因为“悲惨结果”的出现几乎都是因为准备不充分。

在考大学时，我怀抱着“要成为医生！”的理想，报考了札幌医科大学，遗憾的是我落榜了。可是看到这个结果时，我并没有失落、消沉。

究其原因，很明显是因为学习不到位、实力不足。模拟考试也是接连被判定为 C，实在是“无可救药”的状态。

当结果公布时，我很平静地接受了，“这是和我的实力相符的结果”。同时，我还意识到考试并没那么容易，不是光靠运气就可以通过的。

自己必须具备一定的水准，确保不论出现什么问题，都可以凭借压倒性的正确率轻松通过考试。改头换面的我在之后的 1 年，发誓“每天保证 10 个小时的学习时间”，并且也几乎做到了每天学习 10 个小时。

第二年，我再一次报考了札幌医科大学，在第二次考试结束的一瞬间，我确信自己“一定能通过！”因为我自信地回答了绝大部分的试题。正如我确信的一样，我攻克了“十里挑一”的难关，考上了札幌医科大学。

当时，19 岁的我就认识到：

“人只能得到和实力相符的结果，也一定能得到和实力相符的结果。”

由于运气好坏，可能会出现 10%的上下浮动。但一定不会出现 50%的上下浮动。

因此，我们必须要踏实地做好必要的准备和努力。已经努力到无能为力了，这种“尽了全力”的感觉会被写进大脑的数据库中，过度紧张和不安也就不会发生了。

去甲肾上腺素控制术 2　正确的反馈

“容易紧张的人”与“不容易紧张的人”的决定性差异

容易紧张的人有一个重要的特征，那就是“自我评价过低”。

我主办了一个叫网络心理塾的学习会，对象为有志成为讲师、作家的人。在学习会上，授课目标为“成为研讨会讲师”，指导学员的“说话方式”与“演讲发表”等，并且提供“研讨会节”这一可供讲师首次登台的机会，每年会有约 20 人作为讲师登台，台下会有 300 人以上的参加者。

就这样，这里诞生了 100 名以上的“初次登台的讲师”。从指导这些讲师的经验中我总结出：“容易紧张的人”与“不容易紧张的人”，毫无疑问，是分属于两种不同类型的。

每当初次登台的讲师体验结束后，我都会问一个问题："感觉自己今天的表现怎么样？"那些"容易紧张的人"肯定会回答"一点都不好"。

"发音也不好，中间也有说错的地方，应该讲出来的没有讲出来，提问环节的回答也不合适"……会这样不断列举出自己的失败、没达成的点。

"不容易紧张的人"会积极地评价自己"还可以""比想象中表现得还要沉着冷静"。同时，初次登台就树立了自信，会说自己积累了很好的经验，并表达感谢。

可能有人会觉得"容易紧张的人"不擅长演讲，所以对登台的复盘会消极一些，"不容易紧张的人"擅长演讲，所以积极的复盘会更多。也就是单纯的"结果"导向。其实这是错误的，恰恰完全相反。

活动结束后对自己表现所做的评价，会引导活动的结果。也就是说，这一"对结果的评价"就是"原因"。你所做的"消极的评价"就是你"容易紧张"的原因。

即使失败也要为对战成绩追加"1胜"的方法

我们在前文中提到过，过去的数据库会决定紧张程度。失败经历多的人容易过度紧张，而成功经验多的人则不容易紧张。

演讲结束后，不管是初学者还是专家，肯定都能分别列举出 10 个"发挥好的点"和"需要改进的点"。即便是初学者也肯定会有"发挥好的点"，而哪怕是专家也肯定会有"需要改进的点”。

当“成功的点”与“失败的点”各有 10 个时，你会更关注哪一方呢？

容易紧张的人会关注 10 个“失败的点”。尽管也有成功的地方，可是从他们自己的口中，我们只能听到“失败的点”。

“说”是输出，通过不断地说、不断地说，记忆会越发被强化。“为什么会失败呢”“不甘心！”这样的“情感”记忆会被不断强化。

容易紧张的人会认为这次演讲太失败了，从而在对战成绩里追加“1 败”，将数据库朝着不好的方向改写。

不容易紧张的人，则会最先关注“10 个成功的点”，欣喜感恩，并用语言传达给同伴和指导者。将此次的演讲作为“积极的事情”来记忆，在对战成绩里追加“1 胜”，将数据库朝着好的方向改写。

接下来正确复盘“失败的点”，仔细研究“为什么会失败”“下次应该怎样做来防止失败呢”，思考原因和对策。不陷于“失败”的情绪之中，而是理性地反省并思考对策。

实现正确的自我评价！“三点平衡反馈法”

容易紧张的人，自我评价偏低，而不容易紧张的人自我评价偏乐观。这一结果又决定了下一次演讲时是“紧张”还是“不紧张”。

那么，自我评价偏低、紧张感强烈的人，应该怎么办呢？

答案就是正确自我评价。话虽如此，但对于戴着“自己容易紧张”这一怯懦消极的有色眼镜的你来说，即使说“要正确地评价自己”，也是徒劳无益的。不过既然自己无法正确评价，那么就请他人来进行评价。说到底，“接受正确的反馈”是极其重要的。

接受正确的反馈，“成功的点”关联“自信”，“失败的点”则关联着“对策”。通过正确的复盘反馈，并积累两三次的实战经验，演讲的水平和技巧将会有飞跃式的提升。而且最重要的是能够不过度紧张，充满自信地演讲。

那么，应该如何正确地反馈呢？

我在参加研讨会时，会倾听三位立场不同的人的意见。立场不同的三者，指的分别是“参加者”“主要给予积极评价的人”“主要给予消极评价的人”。

首先，确认参加者填写的问卷。这非常重要，因为演讲的最终评判标准不是演讲水平的高低，而恰恰是“参加者是否满意”。

我做演讲也好，研讨会也好，目标都在于“让参加者有所收获”“参加者学习到了”“参加者满意了”，所以一定会确认这一部分。

如果结束后有交流酒会，我一定会听取意见，包括今天的演讲怎么样、有没有有趣的地方、是否晦涩难懂呢？“成功的点”和“失败的点”这两方面都会询问。

然后倾听“主要给予积极评价的人”的意见。如果是被邀做演讲，那就询问邀请我做演讲的主办者、代表人或者员工等，问他们“今天我的演讲怎么样？”肯定不会得到消极的评价，而是只会收到“成功的点”的反馈。如果是自己公司举办的演讲会，那么就询问员工或者来参加的友人的感想。如果是公司的企划演讲，那就可以询问自己的同事或者晚辈。这样，就可以听到很多的“成功的点”。

接下来倾听“主要给予消极评价的人”的意见。这是十分重要的，然而能够坦率地指出不足、给予消极评价的人很少。对我而言，我的秘书可以客观冷静地指出我的优点、不足，并客观地就下次演讲时的改进提出建议，我很受益。如果是公司的企划发表，那么就可以询问上司、自己的指导人员，以及相关领域的专业人员等。

不被“自己的主观意识”所牵引，而是向立场与利害关系都不同的三者询问“这次演讲的优点和不足”，就可以收到平衡的“正确评价”“正确的反馈”。这也被称为“三点平衡反馈法”。

借此方法一定能收到“成功的点”和“失败的点”两方面的反馈，“成功的点”与“自信”相连通，“失败的点”与“对策”相连通。这样，你的数据库将会得到充实，随着“成功的点”的积累，“紧张”的程度也会不断地降低。

去甲肾上腺素控制术 3　意象训练

意象训练改写大脑

日本男子花样滑冰选手羽生结弦，在 2018 年平昌冬季奥运会上，以高超的技术获得金牌，实现了奥运会两连胜，羽生结弦如此强大的秘密就在于意象训练。在 2014 年的索契冬奥会上发生了一件令我很感兴趣的轶事。

羽生结弦乘坐飞机从日本到索契，航程 10 个小时，在这 10 个小时的飞行中一直在重复进行四周跳的意象训练。在正式比赛中他真的完美实现四周跳，达成目标荣获金牌。

赛后，羽生结弦在接受杂志的采访时说道：

“只要闭上眼睛，我的头脑中就只有四周跳了。想着想着睡着了，四周跳的情景就一直在脑内重复，全程都在跳。在飞机上既让身体得到了休息，也同时完成了应该做的一些训练”。

羽生结弦的意象训练为他带来了金牌。

专业的运动员和体育选手中，几乎没有人不进行意象训练。想象一幕幕形象鲜活的自己技术发挥好的场面、比赛的流程、胜利的场面，并将这些付诸现实，这就是意象训练。

想象可以成为现实，这真的能够实现吗？

意象训练，在体育心理学中的研究不断取得进展，已经被科学证明是有效果的。

人类的大脑，无法区分现实与想象。面对现实和想象时，脑内同样的神经会产生反应。所以即使不是现实发生的，通过不断的对形象的想象，脑内也会产生同样的反应。

自己身体的动作，实际上使用的肌肉，位于身体的哪个位置，又会如何发生变化……精密细致的想象，同实际活动身体进行训练一样，会激活脑内同样的神经，能够获得与实际活动身体进行训练相近的效果。

专业的运动员们为完成自己想要完成的动作，应有效应用意象训练。其实在“紧张的控制”方面，意象训练也有着非同寻常的意义。

意象训练可以缓解过度紧张的理由

杏仁核的反应时间只有 2 毫秒这么一瞬间，会与过去的记忆、经验数据相对照，也就是说，杏仁核的反应是不会顾及记忆的细节部分的。也正因为如此，杏仁核无法区分“实际的记忆”与“想象记忆”。

做出“那不过是想象”的判断、理解的是大脑新皮质（代表理性），和杏仁核的判断相比要慢很多。

可以说，通过踏实的意象训练，“四周跳成功了”这一经验可以不断累积。

在参加索契冬奥会前，羽生结弦四周跳的成功率只有 60% 左右。这样，“3 次比赛中会失败 1 次”的数据已经存在于大脑中了。但是通过意念中四周跳不断成功的累积，脑内的成功率已经提高到“90%”，甚至是“绝大部分都成功了”的水平。

也因为如此，在冬奥会这一大舞台上，羽生结弦也没有被氛围所吓倒，而是充满自信地完成了四周跳，取得了成功。

越是专业的运动员，越是重视意象训练，所以，像我们这样的外行、普通人，更应该有效利用意象训练。

容易紧张的人的数据库中，顺利成功的经验应该很少。

基于“0 胜 10 败”“1 胜 9 败”这样的数据库，杏仁核不管是否愿意都只能做出“危险”的判断，发出“紧张”的指令。初学者和外行很难在实际比赛中通过获胜来提高对战成绩。因此意象训练非常重要。

在头脑中实时想象“获胜”比赛的流程，可以增加“假想的胜利”。这样做可以将脑内的数据库提高到“5 胜 5 败”或者“6 胜 4 败”这样的水平。如果能达到这样的水平，杏仁核很难再做出“很危险的状态”的判断，也就不会再发出紧张的指令。

有效的意象训练的 7 种方法

如果没头没脑地进行意象训练，也无法获得成效。接下来我将介绍 7 种能够着实获得成效的意象训练的方法。

① 放松后想象

最初建议在安静舒心的场地，并且注意力集中的状态下进行。渐渐习惯后，也可以在电车中、喧闹的场所练习。

很多时候我是在泡澡时进行意象训练。身体特别放松，所以也没有其他消极的杂念，这样很容易进入自己的世界中，能够集中注意力进行意象训练。

② 形象化（视觉化）

尽管并没有出现在眼前，但将情景如现实一样在脑中鲜明地想象出来，这就是形象化（视觉化）。自己好像在看视频一样，鲜明清晰地想象出细节，效果更佳。

③ 有效运用五感

虽然视觉是最重要的，但综合运用五感来想象，可以构想出更现实的意象。

能听到什么样的声音（听觉），是温暖的还是寒冷的（温度觉），身体触碰到的感觉（触觉）等，可以综合运用上述感觉进行想象。

④ 终点和过程，同时想象两者

做意象训练，请想象“成功”。比如，如果是棒球大赛，那么请想象获胜后被举高庆祝的样子；如果是参加考试，请想象公布成绩那天，自己的名字赫然出现在合格名单里，被众人举高祝贺的情形。先想象出这种“终点”“成功的场景”是很重要的。

可光是这样，想象就太过于笼统了。如果是体育赛事，比赛的流程如何、在什么样的场景自己如何发挥等，不想象出这些具体的细节过程，实际比赛时身体和大脑也不能运用自如。

⑤ 想象细节

想象每一个可能的细节，想象越是详细具体，越容易实现。

听说运动员会实时想象每一个瞬间肌肉的使用方法、全身的平衡、体感、会场的氛围和空气感等极其细致的部分。他们会将自己的动作像看慢镜头一样，进行精密细致的意象训练。

⑥ 数次想象

只想象一次也无济于事，我们需要不断地重复想象成功的情景。通过不断地重复，意象就会愈加鲜明地停留在大脑的记忆中。

⑦ 每天练习

与其一次练习很长时间，不如每天进行短时间的练习。每天5 分钟，但是每天都坚持。要参加演讲、考试、大会等重要活动时，在活动开始前一周每天进行意象训练即可。

临时着急地练习 1 次、2 次，也不能即刻见效。

请停止消极的意象训练

经常打高尔夫的人，一定会有这样的经验。

在下一个击球时只要进入果岭，就是得分的机会。但是果岭前有一个巨大的水池，从距离来看，正常击球可轻松进入果岭。可是在短击球前，脑海中会划过这样的想法：“啊，打进水障区怎么办。”这样，在实际击球后……球真的像想的一样被水障区吸引过去了。

意象训练的效果非常明显，原因就在于身体真的会无意识地按照想象的那样来运转。所以，如果头脑中有“打进水障区”的想象，就是在进行消极的意象训练，那么，消极的结果也会随之显现出来。

所以，请一定不要在活动正式开始前想象“消极的意象”。

“演讲过程中如果大脑一片空白怎么办”，这样的想法也是一样。持有这类“消极的意象”，容易导致自己过度紧张。

请通过绝对的、积极的意象，比如，自己流畅讲话的意象、大家为自己拍手叫好的情景、观众期待倾听自己演讲的意象、主办方表扬自己的演讲真的太棒了的意象等，来驱散消极的意象。

“如果……了，怎么办呢”这种担心、不安，全部都属于消极的意象训练。无论如何，请一定停止消极的意象训练。

去甲肾上腺素控制术 4　收集正确信息

我们再来看看其他的情况。当我们在散步时发现脚下有一条蛇，大喊道“啊，蛇！”并不自觉地往后退。这是我们的紧张与恐怖会在一瞬间达到顶峰，可是仔细一看，那并不是蛇，只是一条绳子。

过度紧张的情绪得以放松下来，不安也转变成为安心，恐惧感消失。

杏仁核在短短的 2 毫秒做出反应，并不是在真切地看清楚真的是蛇后才会发出危险信号，而是在大概一下子看到的瞬间，即“看到了像蛇一样的东西”的瞬间，迅速地像条件反射一样发出危险信号。

接着，发现“这个可不是蛇，这只是普通的绳子”，更加详细地观察，收集信息，以此为基准激发大脑新皮质进行思考、判断，便是“理性”。

当我们看到“蛇”时，杏仁核会在一瞬间发出“红色”信号。在发出信号 1 秒后，“理性”分析复杂的信息，再发出“绿色”的信号。

杏仁核做出的是瞬时反应，容易出现错误的判断。相对的，

通过“理性”所进行的斟酌信息、思考、分析，则与安心感息息相关。

杏仁核是“古老的大脑”。所有有脑的生物都有杏仁核，就连鱼类都有。杏仁核可以说是保护自身的基础，是生物为了回避危险、生存下去所必需的防御系统。

而大脑新皮质则是“新的大脑”。只有哺乳类或更高级的生物才具有大脑新皮质，人类大脑新皮质的大小约是大猩猩的 3 倍，使人类能够更像人类的恰恰就是大脑新皮质。

人类的大脑中，“杏仁核”与“大脑新皮质”，“古老的大脑”与“新的大脑”，“反射”与“控制”在不断地进行着霸权争夺，就像骑手（大脑新皮质）在拼命地要控制住悍马（杏仁核）一样（见表 5）。

表 5　杏仁核与前额叶皮质的关系

杏仁核	前额叶皮质
感性	理性
反射	控制
古老的大脑（大脑边缘系统）	新的大脑（大脑新皮质）
不正确（重视速度）	正确（重视正确性）
紧张、不安、恐惧	认识、思考、判断

“信息”能够抑制悍马

或许我们可以这么认为，“容易紧张的人”也就是杏仁核容易“暴走”的人，也可以说是原始人。但是通过有意识地熟练使用“新的大脑”（大脑新皮质），就会增加大脑新皮质的主导性，能够更好地控制紧张感。

能够通过“理性”控制杏仁核的“暴走”的，只有人类。只有人类才可以通过理性对喷涌而出的情绪进行调节、修正和控制。

人类应该更加有效地应用“理性”，加强大脑新皮质的控制能力，毕竟大脑新皮质恰恰可以说是人之所以为人的根源。加强的方法即为“信息”。

有一项研究我特别感兴趣。**这项研究表明当言语信息进入大脑新皮质时，可以使杏仁核的活动镇静下来。**

你走在路上，发现脚边有一条蛇，你在感到恐惧的同时向后退步。这时在你旁边的朋友告诉你：“那是鼠蛇，没有毒，不要害怕。”听到这句话的一瞬间你的恐惧就烟消云散了，由不安转变为安心。

虽然眼前“有一条蛇”这一状况并没有发生变化，但是因为收到了“那不是毒蛇”这一信息，人就会变得安心，危险信号也由“红色”转变成为“绿色”了。

“信息=安心”的法则

格斗运动员在比赛前都会彻底地调查对手。例如，观看对手过去的对战影像资料，研究对手的必杀技等。而且还要分析对手不擅长的对战模式，模拟最佳打法，确立战略战术，形成一套最不利于对手的比赛模式。另外，运动员实际上会在拳击练习等过程中，贯彻练习“必胜模式”。只要十分清楚对方的信息，在赛前研究好对策，就可以安心应战了。

那么，假如对方是新人选手，是偶然进入淘汰赛的选手。我们既不清楚他过去的对战成绩，也找不到他参加比赛的影像。他实力如何？是以什么打法对战呢？有着什么样的必杀技呢？如果这些信息全都没有，就会超级令人害怕。同时，不安和恐惧也会增加，紧张感增强。

大量掌握敌人或对手的信息，尽管对手的实力不会因此发生任何变化，但是人们还是会变得安心。通过对信息进行分析，大脑新皮质便可以封存由杏仁核制造的过度紧张、恐惧感等情绪。

调查对手，尽可能多地收集对手的信息，如此，过度紧张的情绪便可以大大得到缓解。

备考考生请先做完“往期试题”

对于备考考生来说，“做往期试题”即是“调查研究敌人”了。我曾经参加过 NHK（日本放送协会）教育频道的一个节目，叫作《测验的花道》。这档节目的主要对象为备考考生，所以我有很多机会与备考考生交流，但令我惊讶的是有太多人不重视往期试题。

完全不去做往期试题，而只做市面上销售的题集，或者即使做过去的试题，也只是做了过去 3 年的就满足了，这样的人占大多数。

为什么只做过去 3 年的试题呢？我完全不能理解。今年的考题中一般都不会出现 1 年前、2 年前考过的题目。而 5 年前、6 年前的题目，因为“热度减退”，所以很有可能出现相同或者极其类似的题目。**这个倾向不仅限于中考、高考，也适用于各种国家考试和资格考试**。超过 10 年一直出不相同的题目几乎是不可能的，所以我在备考时，一定会做完过去 10 年的试题。

前一阵我刚刚参加了“威士忌职业考试”，并且顺利通过。这也可以说是威士忌调酒师的考试。到 2017 年为止，只有 244 人通过，考试难度非常高。我所参加的是第 11 届考试，所以我收集了第 1 届到第 10 届考试的所有试题，熟悉试题并且做到能够全部回答正确。

如此彻底地研究过去的试题，出题类型也就清晰可见了。就拿“威士忌职业考试”来说，80%的题目都在过去试题中出现过相同的或者基本相同的。20%的题目是关于新发售的威士忌、新开业的蒸馏所等的问题。因此，如果我们能够完美掌握过去的试题，并且学习最新的威士忌相关情况，就几乎可以做到安心了。当时我在考试前就知道这些，并且实际考试也是和预想一样的形式，题目也都和预想的差不太多。

另外我在做过去的试题时，也是像正式参加考试一样，掐着时间来进行练习，通过这一过程，我意识到“简答题太多，有作答时间不够的危险”。也正是因为意识到了这一点，所以我在答题纸分发到手上的瞬间就完成了时间分配，并快速开始答题。即使是这样，我答完题目时，距离考试结束也只有 3 分钟了。我有朋友也参加了这个考试，但是因为时间不够好几个人都没有做完题目。

如果预先计时做题，就会知道“时间不够用”。如果研究了过往的题目，完全可以避免答不完题的情况。若因为时间不够，本来能回答出的几个问题只能空着，真是太可惜了。

我的备考技巧，就是“做完过去 10 年的试题”。借此方法，我通过了至今所有的医学部考试、医师国家考试等。

对于备考生来说，“知敌”即是“做往期试题”。做完过去 10 年的试题，并且全部做正确，会为自己树立起惊人的自信心，过度紧张等情绪完全不会出现。

信息带来安心。“正确的信息”会激活我们的言语脑，封闭杏仁核，得以抑制过度紧张和不安。正因为如此，信息收集、增加信息量与安心感息息相关。请记住，“掌握正确的信息，大脑就会安心”。

去甲肾上腺素控制术 5　小声念叨积极词语

“没问题”有效吗

“没问题。一切都会好的。”

斋藤一人是银座丸汉（日本汉方研究所）的创始人，连续多年在纳税榜单名列前茅。他说，在紧张时不断地对自己说“没问题，一切都会顺利的”“没问题，没问题”，事情就真的会顺利。真的会有这样的事吗？

这从脑科学的角度来看是正确的，因为言语信息可以使杏仁核镇静下来。**也就是说，在产生过度不安情绪时，出声告诉自己**

“没问题，没问题”，就可以抑制杏仁核的兴奋，减少不安。

虽然实际情况没有变化，但从心理上来说，这样做会使不安的情绪状态消除，得以冷静处事。判断力也会提升，与因为不安什么都做不了的状态相比，我们可以做出正确的判断，进而采取正确的行动。其结果即“没问题”的状态成为现实。

说出积极的话语、肯定的话语，就会有好事发生。这也被称为“Affirmation”（肯定），在最近的脑科学研究中，其效果、作用机制也得到了证明。

通过 Affirmation，刺激脑干网状激活系统（RAS），转换脑内的神经回路的接线，进而收集实现目标的信息，与过去的知识和体验相连，促成“说出的话语”成为现实。要激活 RAS，需要用语言说出来或写成文字。在心中默念、想着是不足以激活的。

因此，小声念叨积极词语，即进行 Affirmation，可以有效缓解过度紧张。

有效的 Affirmation（肯定）的做法、念法

有效的 Affirmation 的做法关键在于：

1. 主语为“我”。

2. 采用现在进行时。

3. 使用断定形式（“是”“为”等）。

具体例子如下。

“我可以在公众场合堂堂正正地讲话。”

“我可以在公众场合快乐地讲话。”

“我可以在众人面前讲话，真的很幸福。”

“我可以用非常放松的状态在公众场合讲话。”

“我一直可以发挥自己的实力。”

“我的集中力在不断地提高。”

“我一定能够通过考试。”

“我可以在考试中取得最好的成绩。”

“我知道考试所需的所有答案。”

“我可以沉着冷静地发挥出平时的水平。”

参考以上例文，可以做出符合自己的 Affirmation。在早晨或者睡前念出来会有效果。念时的要领和意象训练一样，将文字视觉化。

在平时就养成将自己的 Affirmation 像念“咒语”一样念出来的习惯。只有这样，才可以在正式场合，数次念出自己的 Affirmation。

并且唱诵时心中要坚信，“言语信息可以使杏仁核镇静下来”“脑科学证实 Affirmation 确实有效”。如果深信这一点，过度紧张一定能得到缓解。

是否在念诵“恶魔咒语”

虽然脑科学已证实 Affirmation 是非常有效的，但有很多人在念着“错误的咒语”。不仅没有效果，甚至会带来负面效应，可以说是招致失败的“恶魔咒语”。

“今天一定不能紧张!”“这次绝对不能失败”“我都这么努力了，不可能落榜”……这些，全部都是“恶魔咒语”。

因为大脑（此处指杏仁核等核团）**不能识别否定语**。比如，戒烟中的人越想“不能吸烟!”“绝对不能吸烟!”，想要吸烟的意识就越加强烈。这些句子，虽然意思是可以被大脑理解的，可是否定语的部分是无法被直接识别的。

比如“今天一定不能紧张!”这句话。“不能”这一词语大脑无法直接识别，所以只有“紧张”这一词语被不断强化。“紧张”被强化后，人的意识会被引导到紧张上来，变得更加紧张。那么，应该怎么说才正确呢?

“今天好好放松一下吧!”可以这么说。

“这次绝对不能失败”，也是一样的。“不能”这一词语不能被大脑直接识别，导致“失败”这一词语被不断强化。有意识地强化“失败”这一词语，会让身体朝着失败的方向用力。

只要说“今天也要像往常一样”就好。

“我很兴奋”是一个有魔法的短语

哈佛商学院的布鲁克斯教授做过一个研究，我很感兴趣。

内容是让被试体验伴有紧张感的情况，比如演讲、回答数学难题、唱 KTV 等。被试在行动开始前，说出“我很兴奋”（I am excited）或者“我很焦虑”（I am anxious）其中一个短语。

结果显示，在演讲前说出“我很兴奋”的演讲者，状态更加放松，演讲时间更长，演讲内容更有说服力。

在回答数学题时，答题前说出“我很兴奋”的一组，和说“我很焦虑”或者什么都不说的群体比起来，正确率平均要高8个百分点。

在KTV的实验中，在演唱前说出“我很兴奋”的一组，在KTV系统评分中的结果、音程、节奏、音量等方面可以达到81%的准确度。与之相对的，演唱前发出声音告诉自己“我很焦虑”的一组平均准确度为69%，而说“我很冷静”（I am calm）的一组平均准确度仅为53%。

布鲁克斯教授表示，不安的情绪会进一步成为人们朝着否定性的方向思考的原因，比如想到会出现坏结果等。发出声音说“我很兴奋”，可以使自己的心情朝着会出现好结果的方向发展，也因此获得好的效果。首先，虽然很难以置信，但是通过发出声音说“我很兴奋”，真的会涌现出兴奋的心情。

在容易过度紧张的场合，提前和自己说出“我很兴奋！”，就像被施展了魔法一样，发挥真的会变好！很多人开始紧张后都会对自己说“我很冷静！我很冷静！”可是这句“我很冷静”真的会起到负面作用。

如前所述，无论如何都不要说出消极的词语。另外也绝对不可以用“不”“不能”等否定性词语。

说出积极的词语，大脑便会偏向积极的方向；而说出消极的词语，大脑便会偏向消极的方向。说出消极的话语，恰恰相当于给自己施加“负面的自我暗示”，增添多余的不安，请务必注意。

去甲肾上腺素控制术 6 叶加濑式过度紧张缓和术：首先请享受

在演唱会、音乐演奏会演奏乐器时，即使是专家也会过度紧张。

为什么演奏乐器会紧张呢？那是因为演奏得正确与否会清晰地呈现在观众面前。

如果台下坐着拥有绝对音感的人，哪怕只有 1 个音符弹错，都能瞬间被听出来。若是自己作曲的原创音乐还好一点，可如果是人尽皆知的经典名曲，错误则无处遁形。

举个例子，我在演讲时，将本来应该说的一行跳了过去，可能没有人会注意到这一点。因为我要讲什么内容，对听众来说是未知的。而音乐演奏则不同，乐谱是固定的，演奏的前提就是遵从乐谱，无法蒙混过关，这就会使演奏人员的紧张感倍增。

你是否看过小提琴手叶加濑太郎的演奏呢？叶加濑先生演奏时十分享受，他的表情活灵活现，充满激情，将自己的感情和思绪都付诸小提琴的演奏中。他全身都在表现着自己很“享受！”，洋溢着“让听众都能享受！”的服务精神。这种状态，和紧张更是无缘。

“过度紧张”与“享受”是相反的情绪。

北卡罗来纳大学的心理学学者弗雷德里克松博士的研究表明，**肯定的情绪可以消除或者解除否定的情绪带来的不良影响。**

肯定的情感可以恢复身体、情感的平衡，消除否定情感的影响。

也就是说，“十分享受”这种积极的情绪，可以缓和“十分紧张”这种消极的情绪。

进入“Zone”的方法

运动员经常在接受采访时回答“比赛时适度紧张，很享受这一过程”。

“适度紧张”与“享受”可以并存，我们将这一状态称为“Zone”。此时人的集中力和发挥都处于最佳状态，体现在紧张的倒 U 形理论中，即山的顶点的部分。

在 Zone 的状态下，我们会发现“周围人的活动看起来变慢了”“球看起来好像停止了一样”。集中力极高、敏锐的状态即为 Zone。

从脑科学来看，Zone 即去甲肾上腺素、血清素、多巴胺这三种脑内物质处于非常平衡的状态。去甲肾上腺素将集中力和身体机能调节到巅峰状态，血清素发挥完全的控制能力，再加上多巴胺带来的“快乐”情绪。

多巴胺能够提高热情、意愿以及学习能力，还能带来幸福感。“享受紧张”这一状态，如果没有多巴胺则无法成为现实。

要分泌多巴胺，需要充满期待的聚焦，“享受这一瞬间吧！”“让观众享受吧”。不要再说“啊，我开始紧张了，怎么办”，而是开始对自己说：“享受这种紧张吧。”

或者，发声说出“我很兴奋！”也很有效果，这是因为人在兴奋时所分泌的物质正是多巴胺。

另外，多巴胺也会因“目标设定”“目标实现的想象”而分泌。意象训练其实也是分泌多巴胺的训练。如果觉得“开始紧张了”，通过进行“成功的场面”的意象训练，就可以分泌多巴胺。

Zone 就是去甲肾上腺素、血清素、多巴胺三位一体的状态。在自我观察能力不断提高后，慢慢地就能分辨出现在自己体内，哪种物质分泌过剩，而哪种物质又分泌过少。进而根据情况调整运用“血清素控制法”“去甲肾上腺素控制法”，以及现在说明的“多巴胺控制法”。

这样有意识地、有目的地进入 Zone 的状态。

去甲肾上腺素控制术 7　自己举手

或许，一直以来你都很讨厌这件事。

在企划发表、考试、发布会等容易紧张的场合，你是开心快乐的吗？恐怕并非是“自发的”“乐观的”“积极的”，而是“很不乐意”“没有办法”“如果能自己选择则不想”来参加的吧。

如果真的是这样，那么就找到了你“过度紧张”的原因。

这是因为，你在想到“讨厌”的瞬间所分泌的正是去甲肾上腺素。

“讨厌”“太难了”“难受”“痛苦”这些想法涌现时，所面临的情况对于你来说是“危险”呢？还是“安全”呢？

是“需要逃避开的状态”呢？还是“可喜的状态”呢？

“讨厌”“太难了”“难受”“痛苦”这些情绪都是“危险”时，需要回避的状态下才会涌现的。也就是说，那一瞬间杏仁核会兴奋，分泌作为危险信号的去甲肾上腺素。

当上司问大家：“下个月的企划发表，有谁想要做？”你的内心也许会强烈地期许“千万不要找到我”。在被指名说“你来做”时，虽然内心十分抗拒，但是不得已也要硬着头皮答应。这种“不情愿”感，恰恰又会催生过度紧张，发出危险信号。

也许会有人想“分泌去甲肾上腺素，有利于更好地发挥，岂不是很好”。其实人在不情愿地做事情时会分泌一种叫作“皮质醇”的压力荷尔蒙。皮质醇会对海马体带来不好的影响，降低记忆力和学习机能。

也就是说，“不情愿地做事”会降低发挥的水准。

当上司问“下个月的企划发表，有谁想要做”时，你应该一马当先，自己举手，“请一定让我来做”。

不情愿地做是“回避”行为，而主动地说“我来做”则是“接近”行为。我们在说出“请一定让我来做”的一瞬间便会分泌多巴胺。

杏仁核只能在“回避”和“接近”的二者中选择一个。由自己说出“我来做”，即可切换到多巴胺模式，去甲肾上腺素模式被抑制。也就是说，说出“我来做”，就制造出了“不容易紧张”的情境。

前文中我们已经讲过，“享受”则不容易紧张。说出“我来做”，即大脑已经做出了“享受”的判断，便不会过度紧张。

脑内物质在先，情绪在后

脑内物质在先，情绪随其后出现。

虽然实际上有“不想做”的心情，但是说出和意愿相反的“我来做”，在说出来的一瞬间即会分泌多巴胺，“想要做的心情”便会喷涌而出。主动举手挑战自己不擅长的事情是非常难的，然而正因为难，我们更要迎难而上，自己推举自己，说出“请让我来做”。

是不情愿地做，还是自己主动请缨呢？不情愿地做的人，会从准备阶段开始分泌去甲肾上腺素，进入持续不安的状态，在正式场合时，更容易陷入强烈的去甲肾上腺素分泌带来的过度紧张的状态之中。

自己主动请缨的人，会从准备阶段开始分泌多巴胺，进入兴奋的状态。热情、动机、集中力、工作效率都会提升。同时在正式场合也会分泌多巴胺，得以进入“情绪高涨模式”“兴致勃勃模式”，在兴奋、享受的状态下度过正式场合的时光。那是与过度紧张完全相反的状态。

以小升初的小学生为例也是一样的。有些小学生自己想的是“我根本不想考什么中学”，但是家长却勉为其难地说“你要考上初中”，他们处于这种被动学习的状态，不仅不能提升学习热情，甚至会让学习热情猛烈地降低。在正式考试时，“我不想做”的情绪会引起回避反应，分泌去甲肾上腺素，使不安和紧张感增强。

相对的，有些小学生自己主动想着“无论如何都要考入某大学附属中学”，积极备考、乐观主动、充满热情，从而促使多巴胺分泌，集中力和记忆力提高，学习效率提高。在正式考试时，他们会乐观积极地想“这是打开自己未来大门的机会”，兴奋地应考。因为多巴胺的分泌，集中力提高，可以发挥出最佳水准。

所持的心情不同，结果也会发生180度的转变。

如果不想过度紧张，与真嗣相比，更应该以阿姆罗为榜样

“不能逃跑、不能逃跑”是动漫作品《新世纪福音战士》的主人公碇真嗣的口头禅。讨厌战斗的真嗣，在不得不乘坐EVA与使徒战斗、出击的状况下，“不想战斗”的不安、恐惧、过度紧张的情绪袭来，口中一直说着“不能逃跑、不能逃跑”，陷入了思考停滞、行动停止的状态中。

“不能逃跑”，这是会增强过度紧张、不安和恐惧的最坏的咒语，因为这一语句中包含“逃跑”和“不能”这两个消极的词语，重复“逃跑”这一词语，只会在头脑中加强“逃跑”这一意象。

碇真嗣就有着“逃跑癖”。“逃跑癖”指的是，去甲肾上腺素系统被激活，形成一种逃跑的脑模式，即快点逃跑以确保安全。

你是否也染上了这种“逃跑癖”呢？遇到不擅长的事、讨厌的事，就选择尽可能地逃离避开。如果是这样，那么请一定要改正“逃跑癖”。“逃跑癖”等于“去甲肾上腺素分泌癖”，这也正

是造成你容易紧张的原因。

既然绝对不可以说“不能逃跑”，那么，应该说什么好呢？

关于这一点，我们要向《机动战士高达》中的阿姆罗·雷学习。

“阿姆罗，出发！”

这句话可以产生多巴胺。“必须与敌人战斗，必须出击”，在这样完全相同的状况下，如果说“不能逃跑”会分泌去甲肾上腺素，如果说的是“出发！”则会分泌多巴胺。

改变语言，脑内物质也随之改变，这样你也能够从“容易过度紧张的人”转变为“享受紧张的人”（见表6）。

表6 “自己主动做”与“被动做”的区别

自己主动做的人	被动做的人
分泌多巴胺	分泌去甲肾上腺素（甚至分泌皮质醇）
幸福物质	紧张物质
快乐	不情愿、痛苦、难受
接近	回避
动机⬆ 学习能力⬆ 记忆力⬆	动机⬇ 学习能力⬇ 记忆力⬇ （皮质醇的影响）
阿姆罗·雷 “阿姆罗，出发！” 挑战的习惯	碇真嗣 “不能逃跑” 逃跑的习惯
发挥水准更佳	发挥水准下降
紧张的制动器	紧张的加速器
不容易过度紧张	容易过度紧张

去甲肾上腺素控制术8　激活前额叶皮质

通过脑训练提升情绪控制力

为“情绪”的杏仁核刹车的是“理性”的大脑新皮质。大脑新皮质中承担控制杏仁核的任务的则是前额叶皮质。前额叶皮质的位置正好位于额头内侧。

前额叶皮质的作用主要有：

1　思考、推理等认知、实践功能

2　抑制行动

3　沟通

4　做决定

5　控制情绪

6　工作记忆

7　意识、注意力、集中力

8　创造力

前额叶皮质承担着多种多样的职责，用一句话概括，就是“掌管思考、运动、创造的最高司令塔”。当我们用脑思考时，会激活前额叶皮质。前额叶皮质可以说是“理性”“知性”之主。

前额叶皮质如能运转良好，杏仁核就不会“暴走”。或者即使“暴走”了，也能很快镇定下来。而“容易过度紧张者”的前额叶皮质的功能已经退化，或者有些低下，也可能无法发挥本该有的潜能。

抑郁症患者的前额叶皮质功能普遍比较低下，因为抑郁症的主要症状有不安、无法控制情绪、焦躁、易怒等。这些症状的产生都是因为前额叶皮质不能控制杏仁核所产生的。

前额叶皮质的功能低下，杏仁核就容易“暴走”。也就是容易过度紧张，容易产生不安的情绪。连续加班、压力增加的情况都会导致前额叶皮质的功能低下。有一个词语叫“脑疲劳”，其实“脑疲劳”的状态就是指前额叶皮质的功能处于低下的状态。

所以，让前额叶皮质的功能恢复平均水平，或者提升至平均水平以上，人的情感控制能力也会提高，变得不会过度紧张。

容易犯错的人，大脑总是处于疲劳状态，特别是前额叶皮质。因为前额叶皮质掌管着“工作记忆”。前额叶皮质疲惫时，人的工作记忆能力也会低下，使大脑的工作领域变窄，错误频发。而改善工作记忆的方法也可以说是激活前额叶皮质的方法。

以下是改善工作记忆的 9 个方法：

1 睡眠

2 运动

3 亲近自然

4 读书

5 锻炼记忆力

6　心算

7　棋局游戏

8　做菜

9　正念

上述全部都是激活前额叶皮质的方法，期待你踏踏实实地实践。

相反的，有一些习惯会使前额叶皮质的机能低下。那就是“玩智能手机”“SNS（尤其是 LINE）”“打游戏”。长时间进行这些娱乐活动，会使前额叶皮质的机能低下，所以一定要适度。

去甲肾上腺素控制术9　制作例行程序

五郎丸例行程序的脑科学的秘密

人一过度紧张，就会出现不安和杂念，考虑“如果失败了怎么办？”“如果出现错误怎么办？”这样消极的杂念，越想要消除就反而会越强烈。可以彻底干净地消除杂念的方法，那就是“例行程序”。

运动选手们在决战时刻为了提高集中力所做的“固定的举止、动作”就称为“例行程序工作”（简称为例行程序）。

在 2016 年橄榄球世界杯大展身手的日本代表性后卫五郎丸步，他在罚球踢球前的例行程序，是将双手的食指相对。这一标志性动作被称为“五郎丸 pose”并引起热议，有很多小朋友争相模仿，还入评流行语大奖。

另外活跃在美国职业棒球大联盟的铃木一朗选手，每次也都会在站到击球员区时，将球棒伸到自己身前，用左手牵拉右侧的衣袖，这一连串的动作也都是固定的。铃木一朗的例行程序也是很有名的。

例行程序对于缓解过度紧张很有效，这一点在很多与紧张相关的书中都有被提及。而且就从很多顶级运动员都会采取例行程序这一点来看，肯定是会非常有效果的吧。

那么为什么“例行程序”有助于缓解过度紧张呢？

我们先来看五郎丸步的例行程序。（1）大口吸气。（2）右手做出祈祷一样的动作。（3）双臂、双肩两次向后向下压低，左手和右手 3 次合十。（4）左右手交叉的五郎丸 pose。（5）观察球门柱。（6）双手打开，进入踢的动作后，最后再看一遍球门柱。（7）快速踢球。在短短的大概 20 秒的动作中竟然有 7 种“行动”，可谓是非常繁忙了。

推荐你按照同样的动作、在同样的时间内，模仿一下五郎丸步的这一系列标志性动作。在模仿五郎丸步的这一例行程序前，说 3 遍“如果出错怎么办”的话，你是否能够做到呢？肯定是不可能的。

在念诵“如果出错怎么办”时，你会无法继续做出例行程序的动作。相反的，如果你能够稳步做出例行程序的动作，那么大脑中应该都被此占据了。从脑科学的角度来看，**通过例行程序的动作，工作记忆会被占据，进而就没有空间再安放“杂念”“多**

余的思考”“消极的想法”等了。

脑容量仅有“3 个”

所谓工作记忆，是指人的“大脑工作领域”。人类在进行思考时，会使用工作记忆进行“思考”，并进行信息处理。工作记忆的容量，据说只有“3 个”。也就是说，人类的大脑可以同时考虑的事情，最多只有“3 个”。我们可以想象脑中有“3 个托盘”，我们只能使用这 3 个托盘来处理信息。这样比较直观些。

另外，工作记忆在大脑的前额叶皮质进行处理，与去甲肾上腺素机能也密切相关。

在做五郎丸步的例行程序时，这“3 个托盘”全部都已被占据。结果就是完全没有进行“消极的思考”的工作记忆空间，所以做这一例行程序后我们就没有杂念了。

在容易过度紧张的场合，**创造属于自己的“例行程序”，将精力全都放在“例行程序的动作”上，大脑就没有再担心“如果失败了怎么办”的精力了**。既不会导致不安，也不会导致紧张感增强，在缓解过度紧张方面发挥了很大的作用。

在创作专属“例行程序”时，有一点需要特别注意。那就是要“3 个以上的动作组合”。因为工作记忆的容量是“3 个”。如果动作太简单，工作记忆则会有空间，杂念也会有可乘之机。

顺便提一下，铃木一朗的标志性动作。由 6 个不同的动作组成，并且要做 11 遍，可以说是非常复杂的例行程序了。

那么，我们在演讲前、企划发表前的例行程序，应该是什么样的呢？

我个人的例行程序如下。

1 演讲开始前 10 分钟，进行发声练习和简单的拉伸，放松肌肉。

2 到演讲开始前 3 分钟为止，重新确认一遍幻灯片，确认演讲的流程。

3 开始讲师介绍后，大大地深呼吸（到介绍结束为止）。

4 把视线投向会场的参加者，观察参会者的样子，男女比例、年龄层、服装等，推测参会最多的职业种类。

5 再确认是否有微笑。

6 接下来，确认后背是否挺直。

7 主持人的介绍结束后，走到演讲台，笑容满面地说出第一句“大家好！”

大家最开始可以原样模仿我的做法。真的比想象中要忙，尤其是 3 到 6，都需要在 1 分钟左右的“讲师介绍”的过程中全部完成，此时的大脑可以说是脑力全开的状态。“不安的想法”完全没有出现的余地。

例行程序，动作数量越多、越复杂越好。我和五郎丸步、铃木一朗都将 7 个左右的动作、举止进行组合，认为 7 个左右的动作正合适。

本书中介绍了 33 个缓解过度紧张的方法，推荐大家从中选择几个自己尝试过并有效的方法进行组合，创造出自己“专属的必胜例行程序”。

去甲肾上腺素控制术10 有效运用音乐

在奥运会的直播中，我们经常能够看到选手在比赛开始前，一直戴着耳机听音乐的场景。有的选手甚至会兴致勃勃地打着拍子、大声地唱出歌词，也有的选手会闭着眼睛听音乐来提高集中力。

从紧张的控制角度来讲，音乐有什么程度的效果呢？

有报告称，听莫扎特的音乐，副交感神经兴奋度会提高，血清素会被激活。听其他古典音乐时也测到了脑波发生变化，观测到放松的波形α波增加。

还有报告称，在听硬摇滚或者快节奏的音乐时，人的交感神经会兴奋，心跳加快。由此可见，根据所听音乐的不同，既有可能缓和紧张、获得放松，还可能提高兴致。

奥运会的选手中也有很多人一边听音乐一边打拍子，轻声跟唱，这是具有激活血清素的效果的。身体随着节奏律动，随着节奏哼唱，这正是“节奏运动”。

一边听着节奏不错的乐曲一边打着拍子，可以提高兴致，活化血清素，引领我们进入“紧张”与“放松”共存的Zone。

世界顶级运动员们都在有效应用“音乐”，就是一个很好的证明：音乐对于控制紧张感是很有效的。

去甲肾上腺素控制术 11 正念

要控制去甲肾上腺素，我们在前文中已经介绍了使杏仁核镇静的方法。也许会有人想要知道更多有科学依据的、有效的方法，想要获得明显的效果。那么我要向你推荐的就是：正念。

所谓正念，是指把注意力放在“此时、此地”的自己的体验，接受现实本来的样子。其作为处理压力的方法之一，广泛在医疗、商业、教育等现场被实践应用。

尤其是正念被导入谷歌、高盛、宝洁、英特尔等跨国企业的内部研修，备受关注。

正念的效果主要有：

1 提高集中力、注意力

2 减轻压力、不安

3 增强韧性（耐压性）

4 提高情感控制能力

5 提高关怀、共鸣的能力

6 自我认识的变化，提升自我评价

7 大脑和身体不容易疲倦

8 提高免疫力，疾病预防功效

最近关于正念的科学研究不断取得进展，有很多论文发表。与“紧张的控制”相关的脑科学的研究主要有：

- 练习正念的人，杏仁核的容积会缩小 5%。

- 练习正念的人，前额叶皮质会被激活。
- 练习正念的人，前额叶皮质的容积会增大。

正念，有助于控制紧张和不安。练习正念可以减轻紧张、不安、压力的说法，最近也被脑科学研究所证实，因为发现了正念使“杏仁核”变小的现象；而给杏仁核的“暴走”踩刹车的前额叶皮质会被激活，容积也会增大。

简言之，“练习正念，可以控制紧张感”，从脑科学的角度来讲是正确的。

第 5 章

培养不败给紧张的心理

人为什么会紧张？紧张的 4 个条件

在前几章中，我们介绍了从脑科学为依据的控制紧张的 3 个战略。

接下来将会从心理的角度来介绍紧张的控制法。

而紧张的根治方法，就是我们必须从“脆弱的心理”切换到“强大的心理”。

要做到这一点，你可能会觉得很难，那么我们就转变一下想法。通过些许思想准备的改变，即可实现从“脆弱的心理”到“强大的心理”的切换。

人会在什么场合紧张呢？如前言所示，我们再次回顾一下“容易紧张的 7 个场合”。

1　演讲

2　考试、测验、面试

3　发表会、演奏会

4　与人打交道的场合、1 对 1 的场合、初次见面的场合

5　从事新工作、没有经验的工作时

6　迫不得已做不擅长的事情时

7　体育运动或比赛

我们日常生活中容易紧张的几乎所有场景都包含在这 7 个模式中。

那么，这 7 个模式有着怎样的共通点呢？如果明确了容易紧

张的场合的共通点，那么我们也能找到相应的对策了。

容易紧张的场合的共通点，也可以说是“紧张的条件”，具体有以下 4 点。

① 被众人监视

被人看着做某事，接受众人环视的评价和判断。

这一点，7 个场景中都有涉及。

② 想要表现更好的自己的心理在驱动

在测验和面试中想要得到更好的结果；在体育比赛中想要表现更好；想要好好演奏乐器；与人见面时，想要尽量留一个好印象等，是想要表现更好的自己的心理在驱动。这一点，上述 7 个场景中也都有所涉及。

③ 比赛，输赢明显

胜/败、合格/不合格、成功/失败、录取/不被录取等，这种清楚地宣布结果的场合也会使人紧张。“考试、测验、面试”“演讲”“发表会、演奏会”也都包含在内。

④ 左右人生的重要事件

考试、面试、公司的重要企划发表、公司委派的新的工作、重要的体育赛事……这些都是左右人生的大事。即使不至于“左右人生”，但事情的重要程度越高，人们会越容易紧张。而对于无所谓的事，是不会紧张的。

换句话说，通过有意识地消除这 4 个条件，紧张就可以很大程度上被缓解。这就是心理的转换。

仅仅通过心理转换，过度紧张感就会消失

我们都知道，在参加正式的高中棒球选拔比赛前，选手们会特别紧张，但恐怕他们在参加预赛时就不会那么紧张了。尽管对战的对手相同，为何预赛时没有正式比赛时紧张呢？

考虑紧张的4个条件，答案显而易见。

首先，不存在“众人监视”。正式比赛时会有很多的观众，有时全校师生和选手的家人都会来观看，而预赛时几乎没有人来观战。因为几乎没有人观看，所以就没有压力。

其次，不是“比赛”。因为不是正式比赛，所以也不会留下记录。即使输了也没有什么恶劣影响。与其说是看胜负，不如说是测试状态、调整不同的位置、改变顺序等。预赛更多意味着尝试、测试，或者选手的调整、熟悉正式比赛的练习。也就是说“获胜”不是最终目的，也就不会有压力。

再次，不“重要”。在正式的高中棒球全国大赛中获胜与否，与选手能否被选拔为职业棒球运动员密切相关。对于真正以职业棒球运动员为目标的人来说，是“事关人生”的重要比赛。而与其相比，预赛则不过是练习而已，是为了赢得正式比赛的调整、演练，完全不具备“左右人生的重要性”，所以也就完全没有压力。

只要是参加比赛，选手们自然想在领队和教练面前展示自

己，多少会有想要“更好地表现自己”的心情，当然，与其说要更好表现，不如说是“希望自己的实力能够被正确地评价”。没有实力的选手在正式比赛中被选拔，也会很困扰吧。

所以，正式比赛和预赛，“同样都是9局赛制的棒球比赛”，完全没有区别，可是选手们会在正式比赛时特别紧张，而在预赛时几乎不会紧张，其中的区别是什么呢？答案是“心态”“心理”的不同。

也就是说，选手们参加正式比赛时，如果能保持与预赛一样的心境，应该不会紧张，并且完美地发挥出自己的实力。实际上，虽然是非常难的事情，不过**根据容易紧张的4个条件，实现“心理的转换”，紧张就能得到缓解**。通过上述示例我们应该不难明白这一点。

你所需要做的，就是改变你的想法。通过“改变想法”，让你的紧张得到控制。

思维方式改变术1　有意识地“为了对方”

抛弃“私欲”

所有容易使人紧张的场景，其共通的特征为具备“想要表现更好的自己的心理驱动”。

“想要表现更好的自己的心理驱动”也是紧张的4个条件之一。也可以说，如果可以抛弃“想要表现更好的自己”的心理，那么我们就不会紧张。

想要控制紧张，需要抛弃“私欲”。

那么，到底何为“私欲”呢？

在体育比赛中，“一定要获胜”“想要展现自己最好的一面”；在面试和企划发表中，“想要最大限度地展现自己”等，是想要抓住成功、取得胜利，使自己的“人生实现好转”。这就是“私欲”。

如果没有私欲，人类则不会成长进步，情绪也无法高涨，所以我绝对没有完全否定它的意思。从“紧张”的角度来说，“一定要赢”的私欲愈发强烈，紧张也就愈发强烈。

通过舍弃私欲，紧张会得到缓和。那么要舍弃私欲，我们应该怎么做呢？我认为“沉浸在私欲中”的相反状态为“本真”。

热门电影《冰雪奇缘》的主题曲也歌唱了“本真”姿态的重要性。这种顺其自然的心境真的是太棒了。直率、谦虚、本真。“想要做最真实的自己！”这是最终极的自我肯定。

不去想要超常地展现自己，如果能取得和自己现在的实力相符的、自己所做努力相符的结果难道不就足够了吗？如果自己能这样考虑，那么首先便不会那么逞强，会如释重负，从紧张中解放出来。

在马上正式开始、紧张感出现时，我们要发声念出“做最本真的自己！”“只要能发挥出自己的真正实力就可以了！”这样我们的私欲就会消失，紧张感得以缓和。

从"For me"到"For you"

2016 年秋，享誉世界的超级马拉松运动员卡尔·梅尔泽，创下了用 45 天 22 个小时跑完 3,500 千米的新世界纪录。他在接受采访时曾说道：

"当我悲观时，我会向支持我的人们说出感谢的话语。这样，心情一下子就轻松了。不考虑自己的时候，发挥会变得更好"。

考虑自己时，痛苦、紧张、不安，这些消极的情绪会增强。考虑那些支持自己的人、为了自己聚集而来的人时，"感谢"的心情会喷涌而出。通过改变意识的朝向，我们完全可以实现从"消极的心情"到"积极的情绪"的转换。

以自我为中心，自己是如何想的、自己想要怎么样实现"为了自己"，也就是"For me"的状态。对方现在作何感受呢？对方现在希望我怎么做呢？我怎么做对方才会开心呢？这种真正的"为了对方"考虑的状态正是"For you"的状态。**抛弃私欲，换句话说就是由"For me"切换至"For you"**。比如，作为讲师要在 100 名参加者面前演讲。"如果失败了怎么办""如果说错了怎么办""大脑一片空白的话怎么办""不想失败丢脸"……如此种种皆为"For me"的状态。

如果是以"For you"的视角，考虑的则应该是"为了让参加者能够更好地理解，我要尽可能浅显易懂地讲解""让参加者享受""希望参加者今天能够满意而归""现在，参加者是否理解了呢？”“此时此刻、参加者是否乐在其中呢？”……

当我们处于“For you”的视角时，紧张会消失不见。紧张，是存在于自我之中的。如果不观察自己，就不会识别出自己“正在紧张”。

当我们聚焦在参加者、支持者时，则无暇紧张。

由“For me”切换至“For you”吧。

以下是谁都能够掌握的，瞬间由“For me”切换至“For you”的技巧，那就是“眼神接触”。

由“被看着”转换为“在看”

担任演讲或者研讨会的讲师时，有一个窍门，即“眼神接触”，与每一位参加者进行眼神交流。参加者会想“他朝着我的方向讲话呢！”，这样做参加者对于讲话内容的理解程度会提升，参加者的满意度也会得到大幅提高。

这是在企划演讲、讲话方式的相关书籍中都会出现的、有名的技巧。

眼神接触除了可以“提高参加者的满意度”，还有一个超级优势，就是可以“缓解紧张”。

眼神接触，不仅仅是四目相对，眼神接触的同时，观察每一位参加者也是非常重要的。

参加者“听自己的讲话时，多次点头赞同”“注意力特别集中，眼睛一眨不眨地认真倾听自己的讲话”“一心一意、不想漏掉一字一句地努力记笔记”。观察到参加者的“积极”的姿态，切实感受到参加者在“享受自己的讲话！”的瞬间，讲话者会感到无比的喜悦。

你在 100 人面前讲话时，一定会想“有 100 个人在看着我”。**可是，如果能够踏实地进行眼神接触，你的心境就会发生变化，从“被 100 人盯着看”转化为“自己在看着 100 个人”。**“被众人监视”是紧张的 4 个条件之一，但通过稳健地进行眼神接触，“被众人监视”这一条件得以被去除，那么结果毫无疑问，紧张能够得以缓解。

即使暂时反响不好，“眼神接触”后也可以改善氛围

话虽如此，如果我们在观察参加者后发现大家都是一副很无聊的样子怎么办呢？肯定会有人有这种担心。

如果遇到这种情况，我们可以用目光传达“请好好地听我讲话哦”“这里很重要，请好好听”的意思。“眼神接触”，是一种非言语性的交流手段。

我被邀请参加企业的研修演讲时，大部分的参加者都“完全没有听说过桦沢紫苑”。一定会有很多人想“我不想参加什么研修”，气氛不太融洽，充满“客场感”，被特别难堪的空气包围。这时，我就用“眼神”向大家传达“接下来会讲很多对大家有益的话，一定要好好听”。

另外，我也会保持“虽然现在还在冷场，争取 15 分钟之后让大家都听得入迷”的想法，和大家进行眼神接触。你会发现很不可思议，15 分钟之后大家真的听得入迷了！

不论如何，先观察

眼神接触的诀窍在于与参加者全员进行目光接触，并且观察每一个参加者。会场中即使有 100 名参加者，哪怕有一个打哈欠的人，我也能在一瞬间发现。我能做到这样，观察每一个人和整个会场。

稳健地进行眼神接触，和每一个人目光相对，观察全体。当然，这是在演讲、讲话的同时来做的，所以整个过程会很忙。

这样一来，就会完全无暇顾及自己的内心。完全无暇考虑诸如“啊，我开始紧张了”“如果更加紧张怎么办”等。如果能站在“For you”的角度关注对方，则不会观察自己，那么就可以不管自己的紧张和不安，随之做到抛弃私欲。

让参加者感受你的魅力！有效的眼神接触的方法

那么，实际上我们应该如何进行眼神接触呢？以下是几种有效的眼神接触的方法。

① Z 字视线移动法

首先，我们的视线移动时，要有意识地按照字母“Z”的形状来移动。顺序为先看左远处的人，接下来是右远处，然后将视线斜向移动到左近处，再是横跨整个会场的前方来看右近处的人。在会场用自己的视线来书写字母“Z”。

这种“Z 字法”非常有名，在很多演讲、讲话方式的相关书籍中有所提及。

运用“Z 字法”，演讲者可以看遍整个会场。肯定会有某个瞬间，参加者会想“演讲者看了自己所在的方向”“和自己目光相对了”。

如果演讲者在不断地重复进行“Z”字形视线移动后，感到有些单调。这时，就可以进行“M”或者“N”字形的视线移动，改变观察顺序。这样，左右、前后随机地进行眼神接触，参加者会时常切实感受到“与自己目光相对”，这是最重要的，所以演讲者不必严格按照“Z”字形来移动。

② 一句话与一个人目光相对

如果是“能大概看到视线所及的四五个人”的话，那就不是眼神接触。应停止视线移动，将目光停留在一位参加者身上，使对方意识到“目光相对了”。

目光相对的时间，基本上是“1 个句子”，大概是 5 秒钟的时间。

如果目光停在一个人身上超过 10 秒，就会给人留下印象，让参加者觉得“他只和特定的人讲话”“他不会看着我讲话”，所以一定要注意不要时间过长。

和一个人目光相对后，继续下一个人。一个接一个地持续目光接触。

③ 有意识地关注最后排

不高明的演讲者只会关注最前排，而高明的演讲者会意识到最后一排的参加者。

只关注最前排讲话，则很难将讲话内容传达给后排的人，导致后排的人满意度低下。意识到最后一排，增加与最后一排的人的眼神接触，就能够与会场的全体交流，提高参加者全体的满意度。这就是“得其大者可以兼其小”吧。

如果过度紧张，会使眼部肌肉的运动变差，变得只能看到眼前的事物。其结果除了在视野上变成“近视眼”，意识上也会变成“近视眼”，进而聚焦到自己的不安和紧张上来。

会场的最后一排也坐着听众，与全体参加者进行眼神接触吧。怀有这样的意识，就可以驱散关注自己的“近视眼”式的自我观察。

④ 寻找 YES MAN

听演讲的人中，一定会有目光闪闪、朝着演讲者的方向、逐一点头赞许的“YES MAN”。只要有一位 YES MAN，演讲就会变得容易些。尤其是对于不习惯讲话的人、容易紧张的人来说，这类人简直就是救世主一样的存在。

所以，在整个会场进行视线移动的同时，请寻找 YES MAN。一定会有一位这样的人。

YES MAN 在的话，演讲者会不自觉地想要和其进行眼神接触。与不断地点头赞许的 YES MAN 进行眼神接触，演讲者的讲话会更顺畅，同时心情也会变好。

但如果总看一个人，就会给其他的参加者留下“演讲者总是看着前面”“他完全不看我这边”的印象，所以也请注意不要与 YES MAN 眼神交流时间过长。

我会尽量用“余光”来看 YES MAN。YES MAN 一般都会坐在前三排的位置，所以在与最后一排的人眼神接触时，也大概能用目光扫到 YES MAN，确认其在“点头赞许”。

所以，对于 YES MAN，演讲者不需要“看脸”，用余光看就可以。这样就可以一边满足全体参加者，一边在压倒性的安心感中，以一种心情愉悦的节奏来讲话。能做到如此，也就与过度紧张无缘了，甚至有余力“享受”适度紧张。

全面考虑以上情况，与听众眼神接触，大脑将无暇顾及其他事情，甚至没有思考“开始紧张了”的余力。

所以，如果在演讲中开始紧张了，说明此时你的眼神接触松懈了。如果想着“消除紧张”，那么越想就越会关注紧张感。**与其想“消除紧张”不如想着“更加积极地去和参加者眼神接触”**，那么自然而然注意力就会从不安和紧张上转移开，紧张和不安也随之消失了。

思维方式改变术 2　感谢

“悲观的时候，我会向支持我的人们说出感谢的话语。这样，心情一下子就轻松了。不考虑自己的时候，发挥会变得更好”超级马拉松选手卡尔・梅尔泽的这句话恰恰在说着“感谢”的重要性。

对于不过度紧张的思考方式转变术，如果只能用一个词概括其最重要的方法，那应该就是“感谢”。从心底感谢，就不会过度紧张。从脑科学的角度来看这也是一种必然。

众所周知，感谢可以分泌血清素、多巴胺、内啡呔、催产素这 4 种脑内物质。

血清素是去甲肾上腺素的“制动器”。多巴胺是“快乐”的源泉物质。内啡呔被称为脑内麻药，比多巴胺能带来更强烈的幸福感。催产素是“治愈”“放松”的物质。

这 4 种物质，或者可以抑制紧张和不安，或者具备缓解过度紧张的功能。

本书中介绍了 33 个缓解紧张的方法，但是唯一能够同时调动这 4 种脑内物质的方法，就是“感谢”。

4 种脑内物质中，与“感谢”密切关联的、最值得关注的就是内啡呔。内啡呔这种物质会在感谢他人时，或者被他人感谢时分泌。内啡呔分泌时，会拥有真正的从心底感谢的心情，那是一种崇高、高尚的心情。

多巴胺也是可以带来快乐、幸福的物质，多巴胺和内啡呔同时分泌时，内啡呔所带来的幸福感是多巴胺的 10～20 倍。

人在分泌内啡呔时，会感觉不到疼痛。内啡呔可以说是最强的幸福物质。

分泌生化内啡呔时，人的大脑会得到放松，放松的脑波的波形即 α 波会有所增加。

也就是说，内啡呔有缓解紧张的效果。与血清素一样，具备“紧张的制动”的功能。只要发自心底地“感谢”，紧张就能得以缓解。

我在演讲的最开始都会问候大家："真的非常感谢大家百忙之中抽出时间，聚集在这里"。真的饱含感情、充满感激、发自心底地表达"感谢"。不可思议的是，过度紧张的情绪真的被缓解了。

消极情绪与积极情绪不会共存。前文中我们已经提到过"享受"与"过度紧张"不会共存的心理法则。同样的，"感谢"与"过度紧张"也不会共存。只要能从心底真正表达感谢，"过度紧张"一定能得到缓解。

桦沢紫苑由"讨厌演讲"变为"喜欢演讲"的瞬间

现在的我能够在 1 万名参加者面前，毫不紧张甚至快乐地演讲，但是我绝非是从一开始就擅长演讲或者在公众面前讲话。甚至可以说是很不擅长。

正因为很不擅长在众人面前讲话，所以才会"想要克服这一点""希望可以在演讲和企划发表中堂堂正正地讲话!"。正因为如此，成为医生的我，才会每年 3 次，自己主动举手参加发表会。

在医生行业，刚刚成为医生时会被要求在学会上演讲，也兼作为一种"学习"。可是很少有新人医生主动想要参加。其中，连续 10 年、每年做 3 次以上的发表的我，更是一个异类。

你可能会觉得，参加了这么多场演讲，一定是经验的积累促使我从"不擅长"转变为"擅长"吧。其实我的转变仅仅来自于其中的一次演讲，那就是成为医生第 3 年时参加的精神神经学会

（精神科医生最多的学会）。

当时 A 会场（1,000 座以上的主会场）刚刚举办完一场大会，而我的演讲环节也是在这个会场。所以半数以上参加大会的医生都留在了会场，当时的参加者超过 300 人。

而且因为是大会刚刚结束，所以最前排坐了一排业内有名的教授们。在如此巨大的压力下，我顺利完成了 8 分钟的演讲。

在最后的问答环节，坐在最前排的 H 教授居然举起手，针对我的演讲提问。真是太令我惊讶了。H 教授在精神科领域可谓无人不知无人不晓，是传奇一样的存在。当然我也拜读过他的著作。而就是这位 H 教授，居然特别为了我而提问了！

正常来讲，这应该是让人倍感压力的，可是我却非常开心，心中在呼喊“太棒了！”

对于他的提问，我也是高谈阔论，顺利结束了发表会。

那种成就感、满足感以及充实感，真的无以言表。

学会的会场，从 A 到 H，一共有 8 个，有的小会场可能只能坐几十人。所以大家能够来到我的演讲现场，就已经非常值得感激了。因为如果不感兴趣的话，是绝对不会来的。

有几百人还包括有名的教授来参加，甚至还有传奇的 H 教授，来向成为精神科医生才 3 年的我提问，是多么难得。当时我的心中，真的只有“感谢”。

实际上，可能是因为大会结束后，来回换场地很麻烦，所以很多人就直接留在这个会场。当时的我却对此产生了一个积极的误解，认为“为了我，这么多人来听我的演讲！”。但是，那场演讲却给我带来了 100 次演讲才能带来的成功体验。

从那时开始，我就变得特别喜欢参加发表会。在那之后，我也开始更积极地接受面向患者和其家人的演讲等工作。因此才有了今天积累了极其丰富演讲经验的我，成就了今天作为“演讲家”的桦沢紫苑。

“感谢”驱散“过度紧张”

“感谢”会驱散“过度紧张”的情绪。

专注于自身，就会产生紧张。如果我们能怀有“For you”的意识，关注各位参加者，应该只会产生“这么多人专程为了我而来，真是感谢”的感激的心情。如此一来，就能进入一种“诚心诚意，让我来做”的、私欲消失的、谦虚的境界。

“别人能听你讲话”真的是值得感激的事。无论是学会演讲的 10 分钟，还是与工作相关的 30 分钟的企划发表，参加者都是抽出自己人生中的宝贵时间，“来听我的讲座，坐在台下”。

代表公司站在讲台上也是一样，大家为了你所在公司的、你的演讲而聚集在一起。

同时，作为公司的代表，公司选择“你”来做如此重要的企划的发表者，你也应该感谢公司感谢领导和老板。

站在讲台上，是一件多么棒的事情啊！你要感谢参加者，感谢选择让你站在这里的人，感谢给予你指导、支持的人。心怀“For you”的意识，感谢所有人的心情会喷涌而出。

感谢=分泌内啡呔=超开心。

发自心底的感谢之情，让“紧张”无可乘之机。

感谢现在、眼前人

例如，参加棒球比赛。首先应感谢领队和教练让自己成为先发阵容中的一员。其次，还要感谢观众席众多的支持者，在百忙之中抽出时间聚集于此……需要从心底表达感谢。如果有这样感激的心情，则无暇紧张了。

主要考虑自己就会紧张；主要考虑对方时，心中只有感谢。

“因为是重要的比赛，所以绝对不能输”，这种“For me”的心境，只会增强自身的紧张感。通过切换到“For you”的心境，“有这么多人支持我，真的值得感恩。为了表达对大家的感激之情，拼尽全力吧！”就可以放松心态，表现出最佳水准。

如果是考生，就要感谢直到考前还给予热心指导的老师；感谢借给自己笔记本、讲解不懂的问题的友人；感谢买菜做饭、接送上下学的母亲；感谢若干年每个月支付高额补习费用的父亲。正是因为有那么多人的支持、帮助和指导，现在自己才有机会出现在这个考场之中。如果能够这样想，那么感谢的心情自然就会喷涌而出。

向 10 个人说出感谢的话语

具体来说，能够亲口说出感谢的话语，就足够了。在企划发表开始前，发自内心地说出“真诚地感谢大家，今天于百忙之中抽出时间，聚集在此”。在体育比赛开始前，亲口向来声援助威的人表示感谢：“今天来给我助威，真的太感谢了！”这样，过度紧张的情绪就可以转换为适度紧张，并能发挥出最佳水准。

请注意听奥运会获奖选手的采访：“我要向一直以来支持帮助自己的各位，以及支撑着自己的教练和领队、团队的同伴，衷心地表示感谢。”他们无论是赛前还是赛后，都将“感谢”挂在嘴边。

每逢采访，一定会表示感谢的**顶级运动员们，一直保持“For you”的心境，感谢的话语特别多。也正因为如此，他们才能不败给紧张，发挥自己的最佳水准。**

你又是如何做的呢？是否有时常表达感谢呢？

在比赛当天、考试当天、演讲当天……请对 10 个人说出 10 次感谢的话语。可以完全转换至“For you”的心境，切换到“感谢模式”。

“感谢模式”可以使你一边享受过程，一边发挥出最佳水准。

思维方式改变术 3　聚焦目的

处于紧张的场合时，你首先应该做的是想想自己的“目的”。越是容易紧张的人，越容易因为与目的无直接关系的部分不安、担心，自己召唤来紧张感。

比如，公司的企划演讲要与竞争公司比拼，被选中的只有两家公司中的一家。

那么，进行这个企划演讲的目的是什么呢？那就是你的公司的企划被采用，并成功接受订货。

可是会有很多人忘记这一最重要的“最终目的”。

演讲者会想“演讲一定不要出错”“顺利地讲完吧”“帅气地完成讲演”等，而这些都不是企划演讲的“目的”所在。

不管是在中间说错了，还是语无伦次了，最终目的只有一个，就是赢得最后的订单。恕我直言，决定是否采用的主办方公司，不会在乎你讲得好与不好。哪一家公司的企划更优秀、更有魅力，可以为自己的公司创造更多利益，比企划演讲的表现重要100倍。

当然，如果你是电视台的主持人，那么“是否说错”“说得高明”是非常重要的。因为对于主持人来说，最终目的就是“不出错地、高明地说”。

我在演讲时也是一样。参加者一般会关心“演讲的内容”“能学习到什么”。而几乎没有人会关心“我是否能像主持人一样流畅地讲话”。

也有人会考虑要“帅气地讲演”，但实际上，如果不是出席TED大会或者是苹果公司的新品发布会这种全世界同时直播的场面，是完全不需要“帅气地讲演”的。

在更多的场合，与“帅气”比起来，内容浅显易懂要重要100倍。

当然，与频频出错的企划演讲比起来，流畅的、没有停顿的演讲更好，与糟糕的演讲比起来酷炫的演讲更好，但这只是一点印象分而已。

比如，参加音乐演奏会、发表会时，如果你有志成为肖邦音乐团的日本代表，那么哪怕弹错 1 个音，也是致命的。但如果只是召集家人、朋友的普通的演奏会、发表会，就不用要求那么严格了。

演奏会、发表会的目的，并非不出一点错的完美演奏，而是希望客人能够享受、能够收获感动。

即使“没有出错地演奏到最后”，如果客人没能乐在其中，那也是本末倒置了。相反的，即使有几处弹错了、走音了，但是最后客人很满足，演出结束后对你说出“今天真的太棒了”“今天太感动了”，那么出现些许的错误也完全会被抵消。

换句话说，“完全正确地演奏”是你的目的，而“享受演奏会”是客人的目的。忘却客人的目的而只聚焦于自己的目的，是视野狭窄的状态，是“For me”的、充满私欲的状态。

你最终要实现的目的是什么呢？**只聚焦这一目的，不考虑多余的事情**。大部分容易紧张的人，都会因为与最终目的没有直接关联的事而不安、担心，反而加强了紧张感，导致无法实现最终目的，出现本末倒置的结果。

我参加电视节目时毫不紧张的理由

前文中有提到，我有幸参加过几次 NHK 教育频道的节目《测验的花道》。录制时间超过 1 个小时，需要特别多的即兴交流，但我却完全不紧张，因为我只是“淡然地演好被分配的角色”。

在本节目中，我作为精神科医生，“浅显易懂地传达精神医学、脑科学等专业知识”，角色是专家。也就是说没有人要求我要像主持人一样口吐莲花。

只要我能浅显易懂地解说明白很难的事情，在大家产生“啊，原来是这样”顿悟的瞬间，无论是一起参加节目的嘉宾，还是电视台的人，抑或是电视机前数以百万的观众，都会觉得“这个人，真厉害！”

最差的结果，也就是说错了，或者不流畅，但只要沉着冷静地重新说一遍，电视台也会很好地进行编辑，所以无须任何担心。至于“专业的知识”这一部分，我会结合当天的题目，预想30个左右的问题答案集合，并背下来，仅此而已。

通过这样的准备工作，“浅显易懂地传达精神医学、脑科学等专业知识”这一目的就能完美地达成，所有不安的要素都会消失。剩下的，只要享受节目录制过程就可以了。

像这样，准确理解“自己需要完成的任务”，并聚焦如何完成这一“任务”即可。

请停止要“高明地讲话”这一想法。“高明地讲话”不是你的最终目的，也不是你需要完成的任务。

与“目的”相关的部分，在正式场合怎么担忧也无济于事，基本都在准备阶段决定了，所以如果有不安，那么就请彻底做好准备工作，直到自己满意。

思维方式改变术4　拥抱、握手

在观看花样滑冰比赛时如果细心观察，你会经常看到这样的场景：在表演结束后，选手与教练、领队拥抱。其实，如果再注意看，你会发现在表演开始前，他们也一定会拥抱。

表演结束后的拥抱，是选手在表达感谢与喜悦，领队和教练会送上“你的表现很棒”的祝贺，这不难理解。那么，上场前的拥抱又是什么用意呢？

这其中不仅包含了“加油啊”“我会加油”这一层含义，还有另外一层更重要的含义。

那就是，拥抱具有缓解紧张的效果。

拥抱时会分泌催产素。**催产素具有比血清素更强烈的治愈效果，能够对紧张起到制动的作用，能够重置去甲肾上腺素这一紧张、不安的物质。“最佳的放松物质”，就是催产素**。

催产素，通过身体接触促进分泌。因此，只要拥抱就能分泌催产素，使紧张得以缓解。

在花样滑冰比赛中，如果技术动作失败会被减分。选手们几乎不容许自己失败，所以紧张感是不可小觑的。在上场开始表演前1分钟，可谓是最紧张的时间。在这最紧张的时刻，通过拥抱获得放松效果，可谓意义重大。

如果觉得拥抱很害羞的话，可以握手，也具有类似的效果。有研究表明，在握手的瞬间，不安会被抑制，疼痛会减弱，压力荷尔蒙水平降低。一边说“加油”一边握手，也具有缓解紧张的效果。

我们也会看到别人口中说着“加油哦”，一边拍后背的情景。这样的身体触碰，也具有类似的效果。

思维方式改变术5　明确对策

“无计可施”是最大的压力

“压力”这个词经常出现在我们的日常生活中，但是大多数人都不能说出压力的定义。

下面我来介绍一下，压力的研究者吉姆和戴维所给出的压力的定义。

1　对压力产生兴奋的生理反应，是可以由第三者测定的。

2　压力产生的主要原因，在于面临讨厌的事物。

3　感觉自己无法掌控压力。

当上述三种现象同时出现，则称为“压力”。

第三个定义很重要。也就是说，**不论如何痛苦，如果可以自己控制住，那就不能称为压力**。自己无法掌控，也就是“无计可施”“没有办法”，这一点是压力增加的主要原因。在想着“总会有办法的”一瞬间，压力也就不再是压力了。

这在使用老鼠的动物实验中得到了证明。

实验者分别将两只老鼠放入不同的笼子中，给老鼠轻微的电流刺激。其中一只老鼠所在的笼子中放入了可以停止电流刺激的开关。踩到这个开关后，两只笼子的电流刺激都会停止。因此，两只老鼠所受电流刺激的次数和时间也完全相同。

几次电击之后，放置了开关的笼子中的老鼠，学会了停止电击的方法。那么，通过踩踏开关可以自己掌控电流刺激的老鼠，与没有任何办法，只能在恐惧中接受电击的老鼠，哪一只受到压力的影响更大呢？

结果表明，尽管接受电击的次数和时间完全相同，但是没有任何办法的老鼠因为压力产生了溃疡，并且更快地变得衰弱，受到压力的影响更大。

也就是说，只要知道控制痛苦的方法，不安和压力就会降低。

哪怕不知道完全掌控痛苦的方法，只知道在一定程度上可减轻痛苦的方法和手段，压力也会大幅降低。

对策可以消除紧张

将此“压力控制”原则，应用在“紧张控制”上会怎么样呢？

在演讲中容易紧张的人，可能会担心“在演讲过程中，如果大脑一片空白怎么办呢”“在演讲的过程中如果出现卡顿，忘记下一句该说什么了怎么办”等问题。这是巨大压力的开端，也是紧张与不安的原因。

这时，我们可以事先确定出现这些情况时的对策。

大脑一片空白时的对策：

1 深呼吸。

2 在讲台上喝一杯水争取时间。

3 在这个时间内，查看讲台上准备好的演讲稿。

4 事先准备一些小故事，假装跑题到这个小故事中，在这个时间内想起来应该说的话。

5 和大家说“后续敬请期待”，淡然无视忘记的部分，继续下面的内容。

将对策打印出来放在讲台上，在演讲时则会更加安心。

我最推荐的是第 5 条。如果想不出来词了，就忽视这一部分继续向下进行。只要你不露出慌张的神情，谁也不会注意到你的大脑一片空白了。

万一大脑真的一片空白了，就悄悄地践行这“5 个对策”。没有例外，问题都可以得到解决。

像这样事先确定对策，那么，“讲演过程中，大脑一片空白怎么办”这种不安感就不会出现。原因就在于，“怎么办”已经被改写为“这么做”。既然已经确定“演讲过程中如果大脑一片空白了，就按照确定的对策来应对”，所以不安也转变成为安心了。

我们已经明白即使大脑一片空白了，那也是“可控”的，这也就不会成为我们出现压力或者不安的主要原因了。

就像这样，尽管很多人会考虑“如果失败了怎么办？”但如果事先彻底地思考并确定失败出现时的对策，紧张和不安的情绪就会消失。

思维方式改变术 6　从完美主义到尽力主义

容易紧张的人有一个特征，就是“完美主义”。

“完美主义”的人会追求结果上更高的完成度，拼尽全力去做。乍看起来这非常好，然而，越是追求完美，紧张感越会增强，也会导致与完美南辕北辙的结果。

完美主义之所以不可行，是因为完美主义的人，“恢复力”比较差的缘故。最近在精神医学领域中，出现了一个备受瞩目的概念，即“恢复力”。

恢复力，也可以叫“内心的柔韧性”“耐压性”“心理/意志坚强”。恢复力高的人，耐压性强；恢复力低的人，则耐压性差。而且越是完美主义者，恢复力也越低。

所谓完美主义者，恰如用混凝土建造的毫无缝隙的坚固房屋。柔韧的木质住宅，通过木头的柔韧可以分散受力，所以抗震性很强。而没有避震装置的混凝土的住宅，所有受力都施加给了建筑本身。

完美主义不可行。完美主义只能将自己逼到角落。那么我们应该如何避免完美主义呢？答案是追求“尽力主义”。

尽力主义，指的是“在目前的情况下，尽力而为”“竭尽全力”的思考方式。

假设你现在的实力是 90 分。如果你无视这一点，非要追求 100 分，那么你就是完美主义者。而“发挥出现在的 100%的实力！”则是尽力主义。完美主义者会无视自己的实力和现在的情况，去追求100分，将自己逼到绝境。

“毫无遗憾地发挥自己现在的实力吧！”

“今天，竭尽自己的全力吧！”

“最大限度地完成现在的自己能做的！”

这就是尽力主义。

尽力主义，是指每一个瞬间、每一次，都竭尽全力的生存方式。一直竭尽全力，那么成功也好、失败也好，在自己的眼中都会没那么重要。因为既然已经竭尽全力，就不会出现比现在更好的结果。

面对“左右人生的重要事件”，人们很容易紧张。但如果我们在平时就有意识地坚持尽力主义，那么无论是“练习赛”还是“正式比赛”、“模拟考试”还是“正式考试”都会竭尽全力，用同样的心态去参加。这样的话，因为是“重要的事件”而容易紧张这一点也就不必担心了。

不要“完美地完成”，而是“竭尽全力”。

仅仅通过这点思维方式的改变，压力就会大幅降低。

思维方式改变术 7 是否会紧张“在正式场合的前日已经确定了9成”

读到这里你一定已经认识到：“紧张”还是“不紧张”，几乎已经在正式场合的前一天确定下来了。

1　深呼吸、笑容等训练

2　调整自律神经的紊乱

3　激活血清素

4　睡眠训练与充足的睡眠

5　意象训练

6　通过彻底的准备改写脑数据库等

这些都应该是在正式场合的前一天准备好的。

如果没有如此种种“事前的训练”，即使在正式场合深呼吸，露出生硬的笑容，也无法缓和紧张的情绪。

我发现市面上的紧张和恐惧症图书，主要都是针对正式场合时的对策，这些对策作为“对症疗法”是没有问题的，但绝不是“治本之策”。

本书中所述内容，均为从根本上治疗你的“容易紧张的性格”和“恐惧症”的方法。事前训练也正是为实现根治而做的。只要踏实稳妥地坚持训练，你就会具备控制紧张感的强大力量；就会在正式场合“不紧张”或者“即使过度紧张了，也能很快调整至适度紧张”。

是否会紧张，“在正式场合的前日已经确定了9成”。请牢牢记住这一点。如果你认真实践了本书的所有方法，仍然“陷入过度紧张的情绪”“无法控制过度紧张”，则说明你的事先准备不充分。

你的“容易紧张的性格”和“恐惧症”，是完全可能克服和根治的。如果真的担心在正式场合会紧张，那你唯一要做的，就是在前一天完成应该完成的训练、做好应做的准备，运用自如。

思维方式改变术 8　最后交给神吧

“求神”，真的管用吗？

考生们不仅会拼命努力地学习，还会在考前去神社参拜，求得“合格符”去参加考试。

此外，政治家们也一定会在选举前去神社参拜。上市公司的老板们，社会上的成功人士，每到重要时刻，也一定会去神社参拜。

那么，参拜神社、求神，到底有没有实际效果呢？

从结论来说，参拜神社，“确实有着超绝、超级无敌的效果”。当然这只是我的个人经验。

因此，在重要的活动之前，我一定会去参拜神社。比如，在新刊发售一个星期之前我一定会去神社，正式参拜（由神官读祈祷文）。当然，在本书发售前我也去参拜了神社。

但是重要的是，“求神”是有“方式方法”的，既有有效的方法，也有无效的方法。如果用错误的方法求神，那么也完全没有效果。

错误的方法就是念“保佑我考上东京大学，拜托了！”这样的方法。坐享其成，依靠他人，依靠神灵。

而有效的求神的方法是这样的：**“能做的事，我已经全都尽力完成了。已经尽了全力，没有其他再能做的了。剩下的，就拜托神灵了。”**

如果我们站在神灵的角度来理解。你没有好好学习，却要求神“请保佑我考上东京大学！”神应该会吐槽说：“喂，你还是多好好学习吧。”神也不会想要帮助你。

如果是“能做的事，我已经全都尽力完成了。已经尽了全力，没有其他再能做的了。剩下的，就拜托神灵了”。神应该也会认为“你已经很努力了，那我也来稍微助你一臂之力吧”。

本书中不会讨论参拜神社的宗教意义，而是从心理学的角度出发，只要正确地“求神”，一定会有成效。

在心理学上，**“公开说出愿望、目的的情况”与“对谁都不说的情况”相比，前者更容易达成所愿**。这在心理学上被称为“预言的自我成就”。

通过公开宣布自己的目标和愿望，人类的行动会无意识地朝着实现目的的方向转变。也正因为此，参拜神社，在神前宣布自己的目标，从心理学的角度来讲也应该是有效果的。

同时，还要宣布“能做的事，我已经全都尽力完成了”。这也是非常重要的。因为紧张情绪容易在准备不充分时发生，如果我们的准备很完美了，就不会紧张。关于这个理由，前文中已经详细解说过。

“尽人事了”，即是在宣言“准备很完美！”也就是如果能够从心底，发自真心地说出“我已经尽人事了！”“准备很完美了！”，从脑科学的机制来看，杏仁核一定不会发出危险信号。也就是，一定不会紧张了。

当然，要去神社参拜，一定要确保在参拜之前已经“尽人事了”，否则就是在对神说谎。为此，我们一旦确定了参拜神社的日期，为了能宣布“我已经尽人事了”，一定要在那之前拼命地努力准备。有截止期限后，人的集中力能够提高，可以发挥更高的水准来准备。

这并不是去向神祈祷，而是去向神报告。目的是为了向神报告“我已经尽人事了!”，使我们的集中力和兴致得到提高。

“这也没做”“那也没做”“如果提前做了这个就好了”“应该多准备一些的”这样的不完全感恰恰是产生紧张的原因。在参拜神社的时候宣言“已经尽人事了”，不完全感消失，被“竭尽全力感”所包围。

所以，仅仅通过向神报告“我已经尽人事了”，紧张就会消失，得以 100%地发挥自己的能力，进而收获不可计量的“庇佑”。

第 6 章

分情景处理法

在前面的章节中，我们介绍了紧张控制法以及与紧张为友的33 种方法。已经基本覆盖所有的情景，但是就提问环节、面试等几个特别的情景的处理法尚未提及。因此，我们会在本章通过“分情景处理法”，追加介绍 6 个情景下的紧张控制的方法。如此一来，在所有的情景中，你都可以与紧张为友。

分情景处理法 1　提问环节

讲演的印象由提问环节决定

有很多人认为：“演讲的环节可以提前准备好，但是很不擅长最后的提问环节。如果被问到没准备的问题，大脑会一片空白，思考也停止了。”

在企划发表、演讲、研讨会、发表会等场合，最后安排提问环节的情况非常多。

哪怕演讲者的讲演再精彩，如果在提问环节语无伦次，给人的印象也会变得相当差。这是因为提问环节一般都是在演讲的最后进行，好的结束就是成功，最后的部分决定了活动整体给人的印象。

假设演讲部分是 100 分，非常完美，但是最后的提问环节却表现得不堪入目，只有 30 分，那么听众的综合满意度可能也只有 50 分。**尤其是像商业项目竞标这样接受其他公司订单的推介会，如果在提问环节表现不佳，就会导致对方产生不信任感，进**

而很难被选中。

演讲的印象由最终的提问环节决定。提问环节，比演讲本身更重要，这样说一点也不为过。

有设想问题集，相当于有百人之助

宣讲、演讲的部分，如果提前完美地准备好演讲稿，并且练习到高明地说出来，就不会有太大的失败。

但是提问环节，有很大的不确定要素，不知会出现什么提问，如果开始担心“出现了不会回答的问题怎么办”，紧张感则会增强。

有一个非常有效的方法，可以顺利地通过提问环节这一关卡，那就是提前创作“设想问题集”。设想可能会在提问环节出现的问题，针对这些问题，用“可以照着读出的稿子”的形式准备好。

顺便提一下，我每年参加医师学会的发表会时，都会制作完美的设想问题集，所以我在提问环节出现失败，或者因意料之外的问题而苦恼的情况，一次都没有发生过。不过，很令人意外的是，在演讲前好好准备设想问题集的人非常少。也正因为如此，通过好好准备设想问题集，会拉开演讲间的差距。

提前备好设想问题集，演讲中一定会出现相同或者相似的提问，只要按照设想问题集来回答即可。只要手中有设想问题集，提问环节则不再恐怖，恰如有百人帮助。

10-30-100 法则

一定会有人问：“即使制作了设想问题集，那如果出现了没准备的问题怎么办呢？”我们先从结论说起，那就是不会出现设想问题以外的问题。你要提前制作出“不会出现其他提问的可能”的设想问题集。但重要的是要制作出多少个问题的设想问题集。

大致的基准，即 10-30-100 法则。这是以我数百次的演讲、研讨会的提问环节获得的经验积累出的法则，大概准备 10 个提问能够覆盖 70%，30 问能覆盖 90%，100 问能覆盖 99%的提问。

因此，要跨越提问环节这道难关，请先准备“10 个问题的设想问题集”。仅有 10 个问题也能基本网罗主要的问题，成为精神上的“护身符”。只要 1 个小时，就能制作出 10 个问题的设想问题集，所以用这个时间来担心“如果在提问环节失败了怎么办？”真是浪费时间且怠惰。

对于一次讲演，能出现的提问并不是无限的。自己尝试写出问题，列举 10 个问题还是比较容易的，再写出自己的回答。只要准备 10 个问题，就能大致覆盖 70%的提问。而担心“如果出现了剩下的 30%怎么办？”的人，请制作 30 个问题的设想问题集，那就可以覆盖 90%的提问了。

尝试一下，你会发现设想 30 道问题没有那么简单。**自己实在设想不出问题时，可向同事、晚辈、前辈、上司等周围的人询**

问。让大家深入了解自己的演讲。这时，协助想问题的人数越多，对可能出现问题的覆盖率也就越高。预计如果有 5 个人帮忙，那么对问题的覆盖率能达到 80%，10 人以上帮忙，覆盖率将超过 90%，甚至能达到 95%。

顺便提一下，以前我在学会演讲时，一定会制作“30 道题的设想问题集”。

如果还会担心“30 问的覆盖率为 90%，那么万一出现了剩下的 10%的提问怎么办呢？”，就请制作“100 道题的设想问题集”。能够准备至如此程度，几乎不会出现漏网之鱼。万一真的出现了，运用准备这 100 道题的知识和信息，肯定也能回答出来。

令听众“恍然大悟”的答题窍门

回答问题时最重要的是印象。如果让大家觉得“这个人有在学习啊”“这个人的知识量很丰富”，那么你就成功了。

为达到这一目的，有一个很简单的准备方法，也是制作设想问题集的窍门，即大量放入“引用来源”和“数据”。

比如，在回答问题时，“根据 2016 年厚生劳动省的统计数据，这个数值是 85%”“根据杂志《自然》于 2014 年发表的哈佛大学的研究显示，有效率为 63%”……像这样回答提问，提问者将心悦诚服。只要提问者不知道引用来源，就完全无法辩驳。

在医学领域的发表会中，会有医生故意提出难题、不好回答的问题，来击溃演讲者。对于这样的人如果能给其一记漂亮的挥拳，那无疑是令人心情舒畅的。像上面那样，引用权威杂志的权威论文来回答问题，提问者也会露出“他钻研到如此程度了”的神情。在提问环节能够做到完美回答的话，演讲真的会变成一件美妙的事。

为此，在设想问题集里，演讲者应大量加入引用来源、引用图书，以及具体的数值和统计数据等。

设想问题集是一生的宝贝

稳健地制作设想问题集，想法也会慢慢地变成“请别再问我这么简单的问题了，再问一些有难度的问题吧。毕竟我做了这么多的准备工作”。精神上也变得超级从容。

有很多人会想，制作设想问题集需要花费很长的时间。实际上，制作设想问题集几乎不花什么时间。我做一个 30 道题的设想问题集，1 个小时之内就完成了。

原因就在于大部分内容都是上一回发表的挪用。

假设你是某个领域的专家，就此领域发表演讲。也就是说，你做演讲的领域，每次都是相同的。内容 180 度大转变，就别的领域进行演讲的事情几乎不存在，所以上一次演讲时制作的设想问题集可以原样挪用过来。

当然，演讲发表也需要对原有的问题集进行升级，因此在 30 道题中，需要重新制作的最多也就 10 道题左右。剩下的直接挪用就可以，所以几乎不花费多少时间。

抑或是干脆制作一版 100 道题的问题集，那几乎就是永久版了，几年后都可以继续使用。这就要求我们从最开始，就制作出完美的、高品质的设想问题集。

因此，只要准备好高品质的设想问题集，我们在提问环节就不会紧张，相反的甚至会开始享受提问环节。

堂堂正正地回答

什么才是在回答提问时最重要的？你可能会想是“正确地回答提问”“确切地回答提问”，其实不是这样。“堂堂正正地回答”，才是最重要的。

演讲者最差的一种表现，就是在听到提问后，明明还一言未发，却心跳加速，面露不安。这种情况在学会演讲中经常出现。在回答问题之前，台下的听众会想“这个人好像并不懂啊”“这个人一点也不自信”“这个人学习不够啊”等，你的内心已经被看透。

因为这一切都发生在你回答问题之前，所以和“正确地回答”“确切地回答”完全处于不同的次元，听众对你的评价和印象都已经确定了。**也就是说，在“正确回答问题”之前，“堂堂正正地回答问题”更加重要**。

在学术上是否完全正确的回答暂且不谈，如果你的语气不自信、表现的气场很弱，那么即使你的回答内容是正确的，也会被质疑“真的是这样吗？”而不被信任。

发表演讲也许有各自不同的具体目的，但是一般来讲都是为了提高“你”“你所在公司的商品和服务”“你的研究”等的可信度，提升评价。也就是说，即使你的演讲内容很棒，提问环节也回答得很正确，可如果被认为“不值得信赖”“可疑”，也就无法达成所愿、本末倒置了。

那么，如何才能做到在提问环节“堂堂正正地回答”呢？那就是最大限度地、有意识地去堂堂正正地回答。有很多人只关注了“如何回答”“说些什么”，而完全失去了对自己的态度、语气、表情的控制。

因此，哪怕遇到难题、不懂答案的问题，也要优先确保自己的“态度、语调、表情要堂堂正正”。为了不忘却这一点，请在设想问题集的最上面用红色笔写上：“回答提问时，一定要用堂堂正正的态度！”

即使如此也会在提问环节心跳加速的人，请在前一天进行提问环节的预演。使用设想问题集，练习用堂堂正正的态度、语调和表情读出来。当然最好能有观众（听众）。

实际上，除了提问者本人，几乎没有人注意听演讲者回答的内容。但是大家都会看到你的态度和表情。因此，在回答提问环节，只要“堂堂正正地回答”，就成功了 90%了。

分情景处理法 2　1 对 1 的与人交流情景

不擅长 1 对 1 地交谈

很多人在与上司或者长辈交谈时，或者与异性交谈时，一群人一起交谈明明没有问题，但一旦 1 对 1 交谈便会紧张。

我虽然是精神科医生，说实话也不擅长 1 对 1 交谈。那么，我每天如何处理精神科的诊察呢？其实，在患者进入诊室之前，我一定会在头脑中确立好“诊察”的计划，并且制定好“流程”。从最开始说什么，到接下来提出什么样的问题，最后开药。

逐渐习惯后，制订这样的看诊“计划”，用不了 10 秒钟，就可以有计划、战略性地推进谈话。也只有这样，“精神疗法”才能发挥效果。我绝非“没有计划”地看诊，也不是“没有准则”地看诊。

制订“计划”后，再去 1 对 1 地与人交谈，因为做好了思想准备，交谈也会变得轻松起来。

举个例子，你被上司叫过去，可以预测到 “现在项目的进展很慢，上司可能会问这个话题”。因此，你就要提前准备好项目进展迟缓的理由，以及使得进展缓慢合理化的数据支撑，抑或是挽回项目进展缓慢的计划等，**就自己的“说话内容”，提前准备好几个版本。不习惯这样的人，制作出设想问题集，也就万无一失了。**

突然冒失地、漫无计划地去与上司面谈时，如果上司用严厉的口吻数次追问为何项目进展迟缓，那么你出现紧张并且语无伦次也是必然的事情了。可是，都会问些什么问题呢？会在哪些点上深入提问？……对于这些我们大概是能预想到的，所以我们应该尽可能地做好准备，再去面谈或者交流。

设想问题集可以应用在会议、面谈等许多场合。结合自己现在的工作、目前所做的项目、自己的专业领域等，日常准备相关的 30～100 个问题的设想问题集，做到可以即问即答。如果有回答不上来，或者答案不明确的地方，则有针对性地学习、调查，追加到设想问题集中。坚持数个月，一定会形成更加完美的设想问题集。即使突然被问到，也不会提心吊胆、感到紧张了。

与异性交谈时会紧张

也有很多人在与异性交谈时容易紧张。这种情况下，提前做好准备也很重要。

最近发生的有趣的事、笑话、讲完能够让气氛热烈起来的话题等，提前准备两三个吧。在交谈中断、冷场时，如果抛出提前准备好的话题，气氛又会变得热烈起来。实际上，即使准备的话题用不到，也可以发挥其“护身符”的作用，使“尴尬冷场了怎么办”“双方沉默了怎么办”等不安消散；因为万一冷场了，就抛出准备好的话题就可以了。

学习搞笑艺人，利用素材本

话虽如此，但还是有很多人会觉得“有趣的话题，真是想不到啊”。

听听搞笑艺人的对话，你会觉得真的很搞笑，被他们吸引。你一定会想，怎么才能知道这么多有趣的梗呢？

认真分析他们的“趣谈”，你会发现其内容几乎都是自己的经验之谈。比如，搞笑艺人担任主播的深夜广播。最开始的自由谈话环节中，会讲最近发生的“趣谈”，你一定会想他的身上怎么会发生这么多有趣的事，每周都会发生。

其实这里面是有机关的。只要发生了有趣的事，他们会毫无遗漏地记录在素材本上。将自己忍俊不禁的趣事，讲给他人听，听的人也一定会觉得有趣。

也就是说，并非是趣事在搞笑艺人的周围发生的频率特别高，在我们的周围也每天发生着。但不同的是，我们在哈哈笑过之后就忘记了。搞笑艺人会将觉得好笑的瞬间，在遗忘之前就毫无遗漏地记录在素材本中，当然，这也是他们的工作。

就这样，趣事不断累积，并变成自己的搞笑梗，或者搞笑素材。

我们虽然不会成为搞笑艺人，**但是创作自己的素材本，将应该能用到的素材写进来就可以**。在每天的生活中，感到“这个新闻很有趣”“这个博客的博文应该能帮到我”“这个故事应该能用到”“这个人说得真好”等的瞬间，一定会有很多。人的大脑会忘记输入的 99%的事，所以如果不记笔记，我们也会忘记 99%的趣事。

库存 10 个以上的话题

不擅长与人交谈的人有一个特征，那就是“不知道要说些什么”。换句话说，就是话题少。很少会有人“明明脑中有 100 个话题，却无法在别人面前讲出来”。

我相信大部分人每天都会看博客、新闻等，但实际上大部分内容都是记不住的。我曾经面对研讨会的参加者 200 人做过一个问卷调查，“请尽量写出最近一周在网上看到的博客和新闻内容”，发现人们平均只能记住 4 个。

正常来讲，人们使用智能手机，平均 1 天至少能读 5～10 个新闻。一周的时间至少能看到 50 个新闻。然而，实际上能记住的新闻不足 1 成。所以看再多的新闻，你的“话题”也不会增加。

我读到有趣的博客或者新闻报道时，会立刻打开笔记本电脑桌面的便签 APP“Sticky Notes”记录下来。或者在脸书上将查看范围设定为“只自己可见”（只有自己才能看到的设定）分享收藏。只要发现“太有趣了！”的内容，我一定会记录下来。这些都有可能成为后面写书、演讲、研讨会、电子杂志以及 YouTube 视频的素材。

将内容输出后，其便会留在记忆中。记录便是一种输出，所以也能使内容留在记忆中。如此，在交谈会话的过程中，便会有无限的话题，所以我们也就变得不愁无话可说了。

好不容易**发现博客和新闻报道中有趣的事，一定要做笔记保存下来。养成将这些素材作为自己的话题宝库的习惯**。在实际与人交谈中，尝试带入这些话题，并讲出来。一旦存储了很多的话题，就会变得想要和人交谈。哪怕是“不善言谈”的你，素材本越来越充实之后，也一定会变得享受讲话的。

在医生面前会紧张，想讲的事讲不出来

我经常听到患者有这样的烦恼，“一到医生面前就会紧张，关于自己的症状等想说的也说不出来，在看诊结束后，又开始后悔这也没说、那也没说”。

对于这一问题，处理方法很简单，就是提前将要说的话写在便签纸上。

最近的症状、难受的地方、疼痛的地方、可能产生了副作用的表现等，汇总后分条书写即可。在说完一条后，就用线勾掉一条。

“使用笔记来讲话”，虽然是特别适合不擅长讲话的人的方法，然而我却发现越是不擅长讲话的人越不使用笔记。

致辞、早会等，哪怕是**只需要在众人面前讲短短几分钟的场景，也可以准备几行笔记，这样讲话就会变得流畅起来**。而且实际上提前写出来，只是作为想不起来的时候的“护身符”，很多情况下，都可以不用去看。

越是在众人面前容易紧张的人，越不会提前准备笔记，会一下子将信息全部在大脑中进行处理，这其实是很难的。你可能会想，像搞笑艺人那样讲话很高明的人是天赋使然。其实，越是这样的人，越会在你看不到的地方努力着，提前做着稳健踏实的准备。

1 对 1 与人交谈的场面中容易紧张的人，应提前准备好笔记和问题集等，确立好对话计划后再去与人交谈。将不确定要素消除的同时，不安和过度紧张也会消失。

分情景处理法 3　面试

应该会有很多人在求职面试时会紧张。是就职于第一志愿的公司，抑或是就职于二流企业，会大大改变自己的人生。求职面试是“改变人生的转折点”，这么说也不为过。不允许失败，也正因为如此反而会紧张，是的，谁都会紧张。

但如果因此而过度紧张，想说的都没有说出来，导致没有被录用，那也是终身遗憾的事了。还有一种情况就是面试了好几家公司却都没有被录用，精神压力增大，反而更加紧张。

在此，我来讲解一下在面试中不紧张的方法。

下面要介绍的内容，大部分都已经在本书中出现过。

请将本书中介绍的技巧方法结合自己的实际情况来运用。这样除了面试，在其他场合紧张时，也可以运用本书中的技巧方法。

① 收集信息

信息带来安心。收集的信息越多，紧张越能得到缓解。相反的，如果知道面试中出现的所有问题的答案，那么，应该不会太紧张。

所以一定要尽可能多地收集与面试相关的信息。阅读求职类书籍，参加面试相关的就业讲座，这些都是最基本的。

也可以向参加过面试的朋友详细询问面试时的氛围和出现的提问内容等。由于不同公司的面试模式不一样，所以提前多了解一些不同的面试模式也会提高应对能力。

此外，要尽可能多地收集自己最中意的公司的信息。如果是有名的公司，那么输入“公司名、面试、经验”等关键词，在网上就能搜索到相当多的结果。

如果可能，最好与通过这家公司面试的前辈聊一聊。如果认识入职此公司的前辈，那么可以直接请教前辈。如果没有直接认识的人，那就想办法去寻找一下吧。虽然被录用的人只是求职者中的一小部分，但如果是很受欢迎的企业，一定会有很多人通过面试被录用，多问几个前辈或许就能找到被录用的前辈。寻找到之后，就可以详细请教面试的氛围、问到的问题等。

将信息收集到这样的程度，也应该非常明确中意的公司的面试氛围、提问的内容等了。接下来就是有针对性地准备、想出对策了。

② 准备

A 制作设想问题集 100 题

首先针对面试制作“设想问题集 100 题”。对所有的问题做出回答，做到可以按照稿子直接读出的程度。面试的问题题量很大，只准备 30 道题是不够的。所以，请先准备 100 道题吧。提前准备好 100 道题，应该很难会出现“预料之外的问题”了。

B 笑容训练

面试中最重要的是“印象”“好感度”。根据外貌心理学，对于初次见面的人的印象，90%取决于外貌。求职时，求职者基本都穿着正装，很难通过服装拉开差距，也应该没有人会蓬头垢面地去面试，所以**能够通过“外貌”拉开差距的，只有“表情”**。

“表情”对面试的好感度有着极大的影响。能给对方好印象的表情，也就是“笑容”非常重要。

只要自然地微笑答题，你给人的印象一定会大幅提升。但是人一旦紧张，就无法自然地露出笑容。因此，为了露出自然的笑容，请每天进行笑容练习。

C 多次参加模拟面试

面向正式场合进行的“预演”很重要。同样，对于面试，“模拟面试”也很重要。最起码也要进行一个人面试的模拟练习，但一个人又很难产生紧张感，所以最好是朋友之间交互扮演面试官和求职者。

扮演面试官的角色也很重要。这样可以换位思考，知晓面试官的想法，“这个人是否应该被录用呢？”这样就能了解面试官在面试时在想什么，面试官的心理是什么样的。

朋友之间进行模拟面试是非常有必要的，但是我更推荐去猎头（就业支持）公司，与专业的面试官进行模拟面试。在“具有紧迫感的、和正式面试时一样的环境”中进行的预演，具备抑制紧张的力量。

D 反馈

在模拟面试中，找出自己的不足之处，思考下次出现同样的问题时应该如何回答，并加进设想问题集之中。修改订正、升级版本。在实际生活中，一位求职者可能会面试好几次，每次面试后反省“成功之处”和“不足之处”，这种反馈是非常重要的。

E 练习与人交流

相信很多在面试中容易紧张的人，交际能力并不强。在平时话就很少，不擅长应对与人交流场面的人，面对面试这种巨大的压力，特别紧张也是必然的。

因此，除了面试，日常也需要练习与人交流。比如，可以去参加联谊会。在面试中特别容易紧张的人，与异性讲话时应该也会紧张。所以反而可以主动出击容易紧张的场合。如果能够对初次见面的异性流畅地讲出自己的优点，那么这也会给自身参加面试带来莫大的自信。

F 习惯压力

面试中容易紧张的人，抗压能力普遍较弱。参加面试的人，主要是大学生、高中生等，“有压力”的体验尚少。通过熟悉、习惯有压力的体验，大脑数据库也会被改写。所以，请主动增加自己的“有压力的经验”。

比如，在众人面前演讲时容易紧张的人，自己主动成为演讲者。在卡拉 OK 容易紧张的人，和大家一起去 KTV 时，自己主动高歌几曲。总之，通过体验紧张的场景，可以形成对于紧张的免疫力。

G 接受声音训练

对自己的说话方式没有自信，对自己的声音没有自信……

对于这样的人，我会建议他们接受声音训练。学生中为了面试去接受声音训练的人应该还很罕见，所以这会助你与别人拉开巨大差距。

一直不能被公司录用的人，有可能是“基本的讲话方式”有问题。比如，低头不自信地讲话、无法做到视线相对（没有眼神交流）等。哪怕你再优秀，人品再好，一旦低头不自信地讲话，给人的印象也会非常不好。这样会很难被公司录用。

我的一位友人是发声、讲话方式的专家。作为声音提升教练的 HARU 老师说，以前她一直做商务人士的声音训练，但最近为求职而参加声音训练的人也有所增加。**哪怕只接受 1 天的声音训练，也能大幅提升讲话水平，让人刮目相看**。接受过她的声音训练的求职者们，对自己的讲话方式会更有自信，并且被中意的企业所录用。

③ 在正式面试时使用缓解紧张的技巧

A 提前到达面试地点。能够掌控时间的人，也能够掌控紧张感。

B 在等待的时间，通过拉伸或者笑容来放松肌肉。如果有自己的例行程序，那么请灵活运用。

C 发声说出“表现出自己原本的样子”。“要表现更好的自己”，一旦这样想，紧张感就会增强。

D 被叫到名字后，站立，深呼吸后进入考场。

E 就座后，观察面试考官。衷心感谢为了自己抽出宝贵时间的面试官们。

F 落座后，端正坐姿。首先有意识地像模特一样挺直后背。

G 第一句话，笑容满面地问候。在面试最开始露出笑容，紧张一定能够得到缓解。

H 回答问题时，看着面试官的眼睛。

I 以非语言形式传达想法。除了言语，还要将你的想法、热情、信息通过非语言形式传达出去。

J 被问到迷惑性问题时，站在面试官的角度换位思考。“通过这道题目，面试官是想要探究什么呢？”这样就能找到理想的回答。

K 即使这样还是会紧张的话，请深呼吸。面试官说话时，是你进行深呼吸的绝佳时机，同时确认姿势与笑容。

深呼吸、笑容、姿势是缓和紧张的3大神器。

④ 如果无论如何都没被录用

多数求职者一般都需要面试好几家公司。最开始的时候，请怀着练习的轻松的心情去参加。话虽如此，也有很多人连续面试好几家都没有被录用，甚至连二面都没有进过。这样的情况下，应该怎么办呢？

A 全部战略

其实，最重要的就是“全部战略”。你是否已经努力到无能为力了呢？

前面①～③的内容中，你应该还有没有做的吧，请先强化自己。如果你能够断言自己“已经竭尽全力了”，那么至少在面试中也能够控制住自己的紧张感。

B 总之先反馈

“没有被录用”并不是失败。不过是“try and error”（试错）中的“error”。因此，我们应及时发现不足之处并修正（反馈），并体现在下一次面试中。只要能扎实地做到这一点，你一定能够成长、进步。只要不放弃，输赢未定，也就不能称之为“失败”。

C 咨询被录用的友人

有人连续参加 10 家公司的面试都没被录用，茫然不知所措。这时可以咨询被录用的友人，详细请教面试的情形，以及他是如何回答的。也可以像模拟面试一样再现当时的情景。牢牢记住友人所说的，并想象自己为主人公，在头脑中模拟面试，也就是意象训练。记住，杏仁核无法区分“想象的记忆”与“真实的记忆”。

通过想象“他人的成功体验”，脑内数据库也可以被改写。

D 不自暴自弃

最不可行的就是自暴自弃，想着“反正下次也是失败”。

你在这么想的时候，已经在想象“下次也会失败”的情形了。也就是说，自暴自弃就等同于在做“失败的意象训练”。如果以这种心情去参加面试，那么毫无疑问会失败。

人类的心理，不需要通过语言就能传达给对方。你的“反正这家公司也不会录用我”的心理也会传达给面试官。谁也不会想要录用这样的人。

相信“下一家公司，一定会录用我”。如果不自信，就尝试亲口将这句话说 10 遍。

以上就是在面试中不紧张的方法。可能有很多人会想“要做到这种程度吗”，但这是左右人生的、重要的求职面试，所以请一定要用“已经努力到无能为力了”的气势去参加。

不仅仅是不紧张，还要发挥最高水准，那么，最好的结果也有希望获得。

分情景处理法 4　极度的恐惧症

恐惧症是病吗

“我是极度的恐惧症。站在众人面前时，大脑一片空白，完全沉默下来。以前在公司被分配做演讲，因为无论如何也无法承受这种压力，就请假了，给公司和别人带来了很大的麻烦。像深呼吸这些众所周知的缓解恐惧症的方法我都试过一遍了，可是完全没有效果。不知道是否有其他可以减轻恐惧症的方法呢？”

我想真的有人就有这样极度的恐惧症。

在众人面前、与人交流时，会产生强烈的不安和紧张感，影响日常生活，这或许是“社交焦虑障碍”（SAD）。社交焦虑障碍，可能你很少听到这个词，这和以前被叫作“人生恐惧症”的症状相类似。

社交焦虑障碍在日本人中12个月的患病率（在这12个月中患病的比例）是0.7%，终生患病率是2%～5%。从一生来看，30个人中就会有一个人患病，所以绝不是罕见的疾病。

在精神医学领域，以前将恐惧症、怕生、畏缩不前、极度的内向等症状，不是当作疾病而是作为性格问题来处理。但最近这类人不去学校和公司以及不上学和闭门不出等现象增多，已经影响到了正常社会生活，将其作为“疾病”来治疗的想法成为主流。

实际上，药物疗法、认知行为疗法是很有效的，所以大家如果有上面的症状，就应该考虑来精神科就诊。

如果觉得可能是社交焦虑障碍

患有社交焦虑障碍的人会呈现以下的症状：

1 对于社交场合，有明显的恐惧与不安。社交场合指进行社会性交际（比如：杂谈、见生人）、被人看到做某事（比如：吃喝等场合）、在外人面前做一些动作（比如：发表演讲）等。

2 做某行为时显现出不安症状，恐惧否定的评价。具体来讲是指害怕失败、丢人、被拒绝、被批评、给别人带来麻烦。

3 想要回避上述情况，或者产生极度的不安、恐惧，无法忍受。回避行为导致不想去学校或者公司，产生想要从现实中逃离的行动。还会出现脸红、发抖、出汗、无言、发呆等身体症状。

读到此处，如果觉得“我可能有社交焦虑障碍”，那么可以尝试进行社交焦虑障碍的自我诊断。

LSAS（Liebowitz Social Anxiety Scale）是评价社交焦虑障碍症状的轻重程度以及治疗效果的重要标准。因为都是一些很简单的问题，完全可以自己来做，自己进行社交焦虑障碍的诊断。

在网上搜索“LSAS”，会发现很多相关的介绍网页。

在 LSAS 测评中，如果分数很高，则需要考虑去精神科看诊。

当然这些诊断基准和评价尺度，都需要有经验的专家来做解释，才能得出正确的诊断结果，自我诊断只能作为大体的推测基准。

根据我的经验，有很多人来医院就诊，觉得“自己符合诊断基准”，但是经过专家诊断，完全不满足诊断基准，没有达到确诊的水平。所以请不要轻易地自我诊断“我就是社交焦虑障碍”，造成自己情绪消沉。

另外社交焦虑障碍还经常会与酒精滥用、酒精依存症等并发。比如，会议讲话前，为了缓解紧张而饮酒的人，最好去医院就诊。

社交焦虑障碍是可治愈的疾病

即使你真的患有社交焦虑障碍，也完全没有必要消沉。因为它是可治疗的，通过药物疗法和认知行为疗法，大部分情况都能得以改善。

药物疗法中一般采用 SSRI（血清素再摄取抑制剂）以及 SNRI（去甲肾上腺素再摄取抑制剂），有效率为 60%～70%。单药治疗没有效果时，也可以变更药物、采用多药治疗疗法等，大多数情况下症状都能得到缓解。

通过同时采用认知行为疗法，可以提高治愈率，复发率也会降低。认知行为疗法，是指注意到自己的思维方式的“癖好”，修正思维方式，并改变行为的治疗方法。

药物疗法最多算是对症下药的疗法，想要根本治愈，我更推荐接受认知行为疗法。

认知行为疗法并没有在所有的医院展开，所以要去精神科就诊治疗社交焦虑障碍时，可以搜索“社交焦虑障碍精神科医院”，对症选择治疗经验丰富的医生。

一旦被诊断为社交焦虑障碍，也无须消沉。也许很多人会想“恐惧症与性格相关，无法治疗”。**其实正因为这是一种“疾病”，只要接受恰当的治疗，就可以治愈**。

如果终生都要不断对社交场合感到不安和恐惧，那真的会心累。你还有一个选择，那就是趁现在接受治疗。

分情景处理法 5　工作调动、人事调动

在前言中介绍的问卷调查中，对于“你在什么场合会容易紧张呢？”这一问题，第 3 位的答案是“进入新的职场或者开始新的工作时（人事调动等）”（35.6%）。因为工作调动、人事调动而来到新的职场，面对的都是不认识的人，工作内容也发生巨大变化时，人们普遍会感觉到困惑及紧张。在这里总结一下因工作调

动、人事调动等而紧张的情景的处理法。

我目前一共供职过 11 所医院（工作过半年以上的医院）。作为医生，我算是供职医院多的，可谓是工作调动的专家。所以对于应对“新职场”的技巧，我还是相当有自信的。

① 把人事调动视为机会

经历人事调动时，很多人会忽视明确的“荣升”，而是负面地甚至有被害妄想症一样视其为“被调走了”“被调动了”。然而，**人事调动绝非危机，而是机会。这是因为，新的职场完全不了解你。**虽然大家尚不了解你的优点，但相反的，大家也不会详细知晓你的缺点、过去的失败等。可谓是将过去变成一张白纸，重新来过的绝好机会。如果一直抱有“被调走了”“被调动了”这样消极的心情，这种心情也将以一种非言语的形式传达给新的工作单位的同事们，引起新的同事的反感之情。

首先，请保持积极的情绪，“在新的环境中开始努力！”很重要。

② 收集信息

信息不足时紧张感会增强，而充分的信息会带来安心。

一般我们在岗位变动时会与上一任进行工作交接，**除了交接工作内容，还要交接人际关系。通过事先请教“关键人物”“不好相处的人”等信息**，在新职场重新构建人际关系时会轻松很多。

赴任新的职场后，最开始总之先积累“信息”，这非常重要。信息包括“这个职场的工作方式”，另外，职场内部分帮派、对立、分裂的情况很多，关于这种“人际关系”的信息，也请尽早开始收集。

③ 人际关系优先、工作在其后

去新的职场赴任后，应该有很多人会燃起对工作的热情，立志“尽快熟悉新的工作”。然而有比工作更重要的事，那就是人际关系。

据说职场压力中有 9 成都来自于人际关系。也就是说，如果能很好地处理人际关系，职场生活就几乎没有压力，可以享受工作。

所以，对于在新的职场能否顺利，**与“更快地熟悉工作”相比，“尽快地建立良好的人际关系”更为重要**。

只要建立了良好的人际关系，就会有人指导你工作相关的内容，提供各种各样的帮助，让你得以更顺利地开展工作。

越是意气用事地加油工作，越有可能在构筑新的人际关系方面松懈，极有可能沉迷于新的工作之中，请一定要注意。

④ 人际关系构建方法

提升与人亲密程度的心理学中，终极的方法即“扎荣茨法则”。扎荣茨法则，别名“单纯接触效应”，即通过增加与人接触的次数，亲密程度就会提高。你可能觉得这是理所当然的，但其实重要的不在于“接触时间”，而在于“接触次数”。与 1 个月中拿出连续的 30 分钟时间认真交谈相比，每天只有 1 分钟的接触时间，寒暄几句或者闲谈等，人际关系更为深入。

因此，对新同事应热情地搭话。通过大量增加寒暄、闲谈等“小型交际”，亲密度一下子就会提高。

另外，去新的职场赴任，建议尽快记住新的同事们的名字，尽量称呼他们的姓名。被别人记住了名字，无论是谁都会开心的，也更容易加深亲密度。

⑤ 入乡随俗

“在以前的工作单位，一直是这么做的。”

这句话，请一定不要在新的工作单位说。如果是担任分店长等领导角色，在赴任后会不自觉地想要说“在公司本部是这么做的。这样更有效率，从此以后也要引进我们的工作中”。虽然我很明白你想要改革、变革的心情，但是，首先请入乡随俗。

人际关系优先，工作在其后。因此，改革应该是在已经牢固构建了人际关系，并且有了几位支持者之后再进行的。

人生来就是讨厌变化的。同时，也会讨厌带来变化的人。现场有现场的工作处理方式，这一处理方式或许已经在这个工作单位持续了 10 年以上的时间。作为一名新加入的成员突然提出“从今天开始要改变”，一定会引发他人的反感情绪。

不骄不躁，加固人际关系的基础很重要。

⑥ 从“For me”到“For you”

我们已经提到过，构建不紧张的人际关系的诀窍，在于从“For me”到“For you”，以及“感谢”。

“在这里，用这样的方式方法来做！”如果被这样说，你或许会很生气吧。

因为这是在用“For me”的视角看问题。和“自己怎么做”“自己想怎么做”比起来，更关注“对方怎么做”“对方想怎么做”则是“For you”的视角。请尽可能地尊重对方的意见及做法。

“在这里，用这样的方式方法来做！”如果你被这样告知，只要回复“谢谢你告诉我”就可以了。

⑦ 不是“找茬”而是“试炼”

赴任新的工作单位后，经常会被突然委任“特别难的工作”“棘手的工作”。面对这样的情形，大部分人都会觉得自己被找茬而意志消沉。然而，这样的“找茬”和“洗礼”，实则是机会。

给大家讲一个我去一家医院赴任时的小故事。因为是作为主任医师赴任，可谓意气风发。可在我赴任的第一天，护士长就来向我表达对患者的不满与牢骚：“请想办法应对老年痴呆症患者 A 女士吧。她每隔 15 分钟就呼叫一次护士，我们根本无法工作。”

A 女士是一位 70 多岁的重度老年痴呆症患者，无论说了什么都会在 10 分钟后忘记。每隔 15 分钟按一次护士呼叫铃。对于看护有抵触情绪，经常不进餐等，简直就是问题行为的集合体。她是整栋病房的“问题患者”，医护们都苦于应对。

我密切关注这位患者的状况，翻阅了她的全部病历寻找出两个对策：其一，增加与 A 女士的交流。让看护专业实习生负责与其进行密切的交流。让几乎不来探望的家属，保证每周来探望一次；其二，护士停止不耐烦的应对方式，必须面带笑容与她接触。

后来，发生了什么呢？一个月后，“刁难婆婆”A 女士变成了“开朗婆婆”。对此，护士长和员工们全都惊呆了。

A 女士的情况明显是交流不充分，简言之就是“刁难”。希望受到更多关注，很寂寞，表现正是频繁地按呼叫铃。看透这一点的我，预测通过“增加交流”可以消除这一问题行为，实际上也的确是这样。

发生改变的不只是 A 女士，护士长和看护人员们的态度也改变了。因为之前令医生护士束手无策的 A 女士像变了一个人一样。而通过这件事，我也收获了极大的信赖，大家都说“这个医生真厉害”。

在刚刚赴任新的工作单位时，被委派“棘手的工作”应该是常有的事。这并不是找茬或欺凌，而是一种“试炼”。

“这个人的工作能力如何？”会在新的工作单位被试探，所以特意委派较难的工作，观察其工作状态。如果失败了，后面就很难办，但如果顺利闯过这一“试炼”，会作为“同伴”被认可，人际关系也一下子就好了。

因此，换一个思考方式，认为这不是“找茬”，而是“试炼”，像汤姆·克鲁斯那部电影一样，不畏困难，完成无论怎么看都不可能完成的“任务”指令。赴任之初，是给大家带来“这个人很厉害”印象的绝好机会。

赴任新的工作单位，谁都会紧张。所以，“享受紧张”很重要。“新工作”和“新的人际关系”，只要你能顺利接手，一定会收获无法计量的成就感和满足感。

分情景处理法 6　兴奋度不高

前文中介绍的都是将“过度紧张”切换为“适度紧张”的方法。控制紧张感的方法中介绍的均为紧张制动的方法。

然而即使是平时容易紧张的人，在有些场合也会兴奋度不高，或许也会有“过度放松”的状态。

最后我来介绍提高兴奋度的方法，即控制紧张感的方法中，为紧张踩油门的方法。

① 摄入咖啡因

我们在前文已经介绍过，摄入咖啡因可以提高兴奋度。

咖啡中所含有的咖啡因，可以促使交感神经占主导，对于提高兴奋度大有帮助。从摄入咖啡因到发挥效果，大概需要 30 分钟的时间，有很强的时效性。

尤其是上午大脑运转缓慢时，咖啡可谓是让大脑清醒过来的最佳饮品。

红茶和乌龙茶等饮品的咖啡因含量是咖啡的一半。含有咖啡因的能量饮料也是有效的。

饮用咖啡时需要注意的是，“半衰期”为 6 个小时，相对来讲时间较长。半衰期并非代谢时间，而是血液中含量减半的时间，也就是说 6 小时之后体内还会残留一半的咖啡因。咖啡因的影响消失所需时间大概为 9 个小时。**所以，摄入咖啡因请于下午**

2 点之前，2 点之后再摄入咖啡因就会影响睡眠了。

另外，参加考试、演讲之前摄入咖啡因时，会更想要上厕所，这种情况也一定要注意。因为咖啡因有利尿作用。考试前喝咖啡虽然可以提高兴奋度，但是在考试过程中如果想去洗手间就很困扰了，所以在重要活动开始前 1 个小时以内请不要饮用。

关于咖啡因对健康的影响，一直是毁誉参半。不过最近有大规模研究表明，咖啡因可以降低死亡率，延长寿命。但每天饮用 5 杯以上咖啡就过量了，希望大家能够更好地利用咖啡，发挥咖啡因的功效。

② 音乐

节奏出色的音乐可以提高兴奋度。同时，歌词积极向上的歌曲更能提高兴奋度。一流的运动员中有很多人会在比赛前一直听自己喜欢的音乐。音乐确实可以提高兴奋度，并具备使紧张状态达到舒适区域的作用。

听平时自己喜爱的音乐，可以调整自己的兴奋度到刚刚好的状态。

③ 呐喊

这种方法推荐给不想采用摄入咖啡因和听音乐这种不彻底的方法，而想要更直接地一下子提高兴奋度的人。

还记得雅典奥运会金牌得主、链球选手室伏广治吗？他在掷链球前大声喊出来的场景给我留下了深刻的印象。大声喊出来可以鼓劲儿这一说法，实际上是否有科学依据呢？

从结论来讲，是有的。

大声喊叫可以给大脑刺激，此刺激会传达至肾上腺，分泌肾上腺素。肾上腺素分泌后，肌肉力量可以瞬间提高 5%～7%，效果十分显著。这被称为“呐喊效应”，并被实践证实。

要提高兴奋度，如果只能给出一个最简单的方法，那就是“大声喊出来”。

格斗、空手道、剑道中，带着“运气、鼓劲”的意味，运动员在攻击的瞬间和攻击的间隙，也经常会大声喊出来。“运气、呐喊”可以促使肾上腺素分泌，非常有效果。

“呐喊”可应用在许多运动中。比如，女子乒乓球选手福原爱的“萨”的鼓劲呐喊就非常有名。网球比赛中得分时，也会有很多选手尖叫。排球比赛开始前，从开始倒计时到正式比赛前的这段时间内，选手们也经常会大喊“加油”“噢”。在棒球比赛中，选手们在比赛前也会大声喊出“加油，加油，加油，加油，噢!”，点燃热情，增进团结。

在呐喊时，如果是不彻底地、温吞地喊出“噢”，没有什么效果。呐喊时请务必用腹部发力，用尽腹部的力量大声喊出“噢!”，才会分泌肾上腺素。

只是，肾上腺素在体内的“半衰期”只有 40 秒，并且会在大概 90 秒的时间内失去效果，并不会持续几分钟。

肾上腺素，除了可以提高肌肉力量，还具有和去甲肾上腺素一样的效果，即提高集中力、瞬间判断能力，令大脑思路清晰。对于紧张来说，它具备“加速器”的作用。

后 记

相信读到这里，各位读者一定已经认识到：紧张并非坏事，它可以帮助我们提高集中力，发挥更佳水准，是我们的“最佳友人”。

需要注意的是防止“过度紧张”。让我们一起通过实践本书所介绍的脑科学中正确的紧张控制法，为紧张制动，调节到“适度紧张”的状态吧。

综合应用本书中介绍的 33 种紧张控制法，一定能够控制紧张感。

在考试、演讲、面试、发表会、体育比赛等重要场合，控制好紧张感，与紧张化敌为友，发挥自己的最佳水准，你的人生定会有所好转，并向前大幅迈进。本书中所介绍的内容，可以说是工作与人生的成功法则。

大家在真正尝试之后，一定会切实感受到成效。

另外，请将其作为组合技巧，组合运用这些方法。而且，不要只在紧张的时刻才去做，而是要在平时多加练习，将其融入自己的生活习惯之中。随着深入练习，“笑容”“深呼吸”“姿势”“感谢”“睡眠训练”等方法，你对情绪的控制能力也会增强。不止如此，这些方法还会为你的健康保驾护航。

容易紧张者，大都有神经系统紊乱，比如，自律神经紊乱、血清素分泌不足、前额叶皮质疲劳等。

实践本书中的紧张控制法，可以改善不健康的紧张体质，并形成健康的放松体质。使人不易患病，情绪稳定，真正收获健康。

实践本书中所写内容，可谓一箭三雕：“控制紧张感”“工作、人生收获成功”“收获健康”。

接下来，就只等你的实践了。

作为精神科医生的我为什么会写这本紧张控制图书呢？原因就在于通过控制紧张感，进而得以控制身心，实现身体和心理的双重健康；你会情绪稳定，收获心理和身体的最佳状态。

请正确实践本书中的内容，控制紧张感，实现心理和身体的最佳状态。这样，身体疾病和精神疾患也会与你无缘。如能助你达成此愿，作为精神科医生，我不胜荣幸。

精神科医生

桦沢紫苑

参考資料

『最強の集中術』（ルーシー・ジョー・パラディーノ著、エクスナレッジ）

『スポーツメンタルトレーニング教本』（日本スポーツ心理学会編集、大修館書店）

『EQ こころの知能指数』（ダニエル・ゴールマン著、講談社）

『なぜ、「これ」は健康にいいのか？』（小林弘幸著、サンマーク出版）

『セロトニン欠乏脳 キレる脳・鬱の脳をきたえ直す』（有田秀穂著、NHK 出版）

『脳からストレスを消す技術』（有田秀穂著、サンマーク出版）

『本番に強い脳と心のつくり方』（苫米地英人著、PHP 研究所）

『脳の力を 100%活用するブレイン・ルール』（ジョン・メディナ著、NHK 出版）

『幸福優位 7 つの法則　仕事も人生も充実させるハーバード式最新成功理論』（ショーン・エイカー著、徳間書店）

『脳には、自分を変える「6 つの力」がある。―前向き、共感、集中力、直感…etc』（リチャード・デビッドソン他著、三笠書房）

『エモーショナル・ブレイン―情動の脳科学』（ジョセフ・ルドゥー著、東京大学出版会）

『自動的に夢がかなっていく ブレイン・プログラミング』（アラン・ピーズ、バーバラ・ピーズ著、サンマーク出版）

『Gの法則一感謝できる人は幸せになれる』（ロバート・A・エモンズ著、サンマーク出版）

『Dr 佐藤富雄の頭がよくなる生き方一「非日常体験」で、成功脑に生まれ変わる』（佐藤富雄著、イースト・プレス）

『レジリエンス入門:折れない心のつくり方』（内田和俊著、筑摩書房）

『世界のトップエリートが実践する集中力の鍛え方 ハーバード、Goog le、Facebookが取りくむマインドフルネス入門』（荻野淳也他著、日本能率協会マネジメントセンター）

『マインドフルネスの教科書』（藤井英雄著、Clover出版）

『PEAK PERFORMANCE 最強の成長術』（ブラッド・スタルバーグ他著、ダイヤモンド社）

『ササッとわかる「SAD 社会不安障害」 あがり症の治し方』（木村昌幹著、講談社）

『脑を最適化すれば能力が2倍になる』（樺沢紫苑著、文響社）

『絶対にミスをしない人の脑の習慣』（樺沢紫苑著、SBクリエイティブ）

「あなたが緊張する瞬間は？」ハピ研（アサヒグループホールディングス） http://www.asahigroup-holdings.com/company/research/hapiken/maian/bn/200904/00280/

「不安を抑える効果のあるフレーズ」 http://japanese.mercola.com/

附　录

卷末惊喜

实践视频大赠送

这位读者，衷心感谢你阅读至最后。

本书中介绍了为数众多的紧张控制法。

关于“深呼吸”“拉伸”等方法，虽然书中已做详细解说，实际生活中具体如何运用可能还会有难以理解的部分。

因此，笔者就紧张控制法，提供了相关实践视频，亲自演示了具体做法，并进行解说。

请务必观看视频，学习正确的紧张控制法。

本书实践视频的内容如下：

1　深呼吸和“1分3次呼吸法”的实践方法

2　“放松肌肉”拉伸的实践方法

3　笑容训练的实践方法

4　扮鬼脸的实践方法

5　穴位按压的实践方法

6　单侧鼻孔呼吸的实践方法

7　自律神经训练法的实践方法

访问以下链接，可以免费观看。

http://kabasawa.biz/b/tension.html

作者简介

桦沢紫苑

精神科医生、作家

1965 年出生于札幌。毕业于札幌医科大学医学部。通过脸书、邮件杂志、推特、Youtube 等网络媒体，简明易懂地向超过 40 万人介绍了精神医学和心理学、脑科学的知识。从大学时代开始，坚持每月读书 20 册以上，至今已经坚持 30 余年，可谓是读书专家。介绍其独特的读书方法的畅销书——《过目不忘的读书法》，位于年度商务类书籍排行榜第 10 位（Oricon 调查），累计销售 15 万册。主要著作有《为什么精英这样用脑不会累》《学习的精进》《一口气突破情绪困境》等 27 部。

个人官方邮件杂志：https://bite-ex.com/rg/2334/7/

个人官方博客：http://kabasawa3.com/blog/

推荐阅读·心智讲堂

被讨厌的勇气：“自我启发之父”阿德勒的哲学课

[日]岸见一郎 古贺史健 著

渠海霞　译

套装纪念版全新上市。

所谓的自由，就是被别人讨厌。

2017同名日剧热播，日韩销量均破百万，亚马逊年度冠军！

简繁中文版广受好评！蔡康永、曾宝仪、陈文茜、朴信惠、林依晨联袂推荐！

幸福的勇气：“自我启发之父”阿德勒的哲学课2

[日]岸见一郎 古贺史健 著

渠海霞　译

套装纪念版火热上市。

去爱的勇气，就是变得幸福的勇气。

总销量超350万，亚马逊年度冠军！

简繁中文版广受好评！蔡康永、曾宝仪、陈文茜、朴信惠、林依晨联袂推荐！

推荐阅读·心智讲堂

"我不配"是种病：货真价实的你，别害怕被拆穿

[日]桑蒂·曼恩（Sandi Mann）著
丁郡瑜　译

你有"冒名顶替综合征"吗？

明明获得了成功和赞誉，却认为自己没有那么好。

成功都是因为运气，成绩实际上没什么大不了。

坚信总有一天会被发现是名不副实。

"我没有那么好"是成功者的诅咒。

70%的人曾被"冒名顶替综合征"困扰。

这本书将给予你一些知识和指导，包括来自哈佛、剑桥、斯坦福的忠告。

帮助你从这种感觉中走出来，更加自信，延续你的成功。